結晶による X 線の回折現象とその記述

№ 51-350

序文

　本書は著者の金沢大学での講義と演習の内容をまとめたものである．ただし，本書は1990年に当時在職していた企業での社内発表用に準備したものを粗稿とし（電磁気学の基礎から始まるのはこのためである），第3章までについては1998年までに当時の「鉱物学若手の会」のメンバーを中心に広く公開してご意見を伺った．その折には特に反響もなかったが，その後も大学での授業，他大学での集中講義のために適宜拡充し，折に触れて配布してきた内容である．今回出版するにあたり第3章を書き直し，当時は未完成だった第4章以降を追加することにした．第4章までは演習の詳しい説明を省略せずに内容に含めたため，大学での授業の教科書としては不適切だろうが，授業に頼らずにX線結晶学を独習しようとする学生には有益とおもう．

　本書はまず電磁気学のうち結晶学の基礎に必要な部分のつまみ食いから始まり，原子振動の記述方法で一旦終わる．いかにして結晶構造を解くかは他の成書に譲ることにする．本書を読むための予備知識としては高等学校でのベクトルの演算，正弦／余弦関数と微分／積分学程度を想定している．近年では波の記述や確率論などを勉強せぬまま大学専門課程に進学する学生が増えているので，本書にはそれらの解説を含めた．

　本書自体が既に「つまみ食い」であるから，第4章までについては都度必要な章を抜き出して読むことは想定していない．また，基礎を理解するための記述に終始しており，線吸収係数，ローレンツ因子や消衰効果など実際の結晶構造解析の際に考慮する諸点は意図的に省いてある．それらは本書の内容を充分に理解した後に「それぞれの測定／解析手法毎に」別に学ぶほうが効率が良いと考えたからである．ただし，原子変位パラメーターについては汎用性が高いため，第5章と第6章として含めた．そのためこれら二章は演習を含んでいない．有機化合物，高分子化合物を主に扱い，計算結果の検証をコンピューターに任せているのであれば，本書のうち第5章が特に役立つだろう．

　本書は教科書ではなく独習のための補助教材であって，本書を準備するにあたっては「X線結晶解析」（桜井敏雄 著，裳華房 1967），「X線結晶解析の手引き」（桜井敏雄 著，裳華房 1983），「X線構造解析の実際」（George H. Stout & Lyle H. Jensen 著，飯高洋一 訳，東京化学同人 1972）などの教科書を補う記述となるよう努めた．本書を準備するにあたり実際に最も役立ったのは「理工学者が書いた数学の本・フーリエ解析」（江沢 洋 著，講談社 1987），「理工学者が書いた数学の本・確率と確率課程」（伏見正則 著，講談社 1987）の二冊で，特に読者が第2章，第4章，第5章の理解に困難を感じるならば，これらの書籍を手元に置き交互に読み比べるのが良い．

　第3章の内容について仏ナンシー大学のマッシモ・ネスポロ教授に様々なご指摘とご教示をいただいた．また，昭和薬科大学の清谷多美子博士には全体についてご意見と励ましをいただいた．ここに感謝申し上げる．

2022年　3月　著者

目次

1. X線の散乱

1.1. 単純調和振動（波）の重ね合わせ

1.1.1. 予察

　本書の目的は結晶にX線を照射すると何が起きるのかを説明することである．現在の結晶の定義は「回折図形を与える固体」ということなのだが，言い換えれば「回折図形を与えない固体」もある．回折現象の他にも結晶を構成している原子とX線との相互作用には色々とあるので状況はそう簡単ではない．本書の読者は結晶による「X線の回折」(diffraction of X-ray) について詳しく知りたいのだから，解説は回折現象に関わる相互作用（弾性散乱）に限定して，その他（非弾性散乱など）についての詳しい解説は別稿に譲ることにしよう．ただし，照射される相手が結晶なのかあるいはそうでないのかは後々まで区別しないことにする．また，普通の教科書であれば晶系やブラベ格子といった結晶学の基礎的な知識の解説にまず頁を費やすところだが，それらは大学の専門課程で一通りの勉強をする機会があったものとして，第3章で復習として説明するにとどめる．

　本章ではまず電磁波についての簡単な説明から出発して複数の波を重ね合わせる作業を行い，次に空間に浮かんだ複数の荷電粒子による電磁波の散乱と，それらの散乱線の重ね合わせについて考える．これを結晶に適用すれば，結晶全体から放出される散乱X線の振幅を方向の関数として表現できるだろう．

1.1.2. 電磁波

　X線は電磁波であり可視光と本質的な違いはなく，違いは波長とそれに伴う透過力だけである．電磁波の名の通り電場と磁場の揺らぎが波として伝搬していて，これらの揺らぎは円運動を横から見たような単純調和振動である．また，両者の揺らぎは対になっている（互いに直交している：図 1-1）．これらの揺らぎは横波なので揺らぎの方向は波の進行方向に直交していて，揺らぎの分量が揺らぎの向き毎に異なるときにその偏りを「偏光」と呼ぶ．揺らぎの向きが一方向に定まっている場合を直線偏光あるいは完全偏光，揺らぎの大きさが進行方向に直交するあらゆる方向で等しい場合を非偏光あるいは自然光と呼ぶ．太陽光は完全に非偏光であり，X線管球から飛び出すX線もまた非偏光である．

　波のもつ「エネルギー」をその明るさと混同してはいけない．エネルギー値は波長で決まり（短いほど高い）明るさは波の振幅で決まる（大きいほど強い）．後者は「エネルギー密度」「照度」「強度」とも呼ばれる[1]．波長の長い赤外線をどれだけ浴びても試料の表面が熱くなるだけだが，回折強度測定に用いるX線（硬X線：短波長のもの）は無機試料すら簡単に通り抜けている．

---

1. 光の測定の基本単位は光量子束密度（photon flux density）で，単位は $\mu\mathrm{mol}\,\mathrm{m}^{-2}\,\mathrm{s}^{-1}$．

1.1.3. 単純調和振動（波）の重ね合わせ

　完全非偏光な X 線について考える前に，とりあえず直線偏光のうちの電場の揺らぎだけを取り出して考える（図1-1）．単純調和振動をしている電場の揺らぎの進行方向を正に取り，揺らぎの絶対値の最大（＝波の振幅）を A，波長を λ，振動数を v とする．このとき，原点ではないある位置 x，ある時刻 t における電場の大きさ $E_{x,t}$ は

$$E_{x,t} = A\cos\left(2\pi vt - \frac{2\pi}{\lambda}x\right) = A\cos\{2\pi(vt - x/\lambda)\} \tag{1-1}$$

と書ける．つまり波は 2π を一周期とした角速度一定の円運動（半径が振幅 A に相当）であり，$2\pi(vt - x/\lambda)$ を「波の位相」と称する．1-1 式での角度の単位には度（degree）ではなくラジアン（radian：$1\,\mathrm{rad} = 360°/2\pi$）を使い，関数 $E_{x,t}$ の余弦項の内側を 2π で括ってしまうと括弧内の非正数部分（小数点以下）が円運動のうちの位置を表す．波を位置 $x > 0$ で観測すると，そこで観測される位相はいつでも原点で一定時間前に観測された位相と同じである（括弧の内側が引き算である理由）．

　基準にする波[2]と同波長，同速度だが少し先行する波があったとする．時刻 t がいつであるかによらず，位置 $x = 0$ におけるこの先行する波の位相は位置 $x < 0$ のどこかでの基準波の位相と同じになる．そこで，基準波に対して別の波の先行具合／遅れ具合を表すのにもこの x/λ を使う．相対的な位相のずれを考えるのだから観測位置が同一なのは当然のことで，実のところその位置が原点であるか否かを考慮する必要はない．**波が先行しているとき "$-x/\lambda$" 全体は正になり，これを "$+\delta$" で表す．** 波は 2π を周期とする周期関数だから，$\delta = 0.1$ と $\delta = -0.9$ は同義である．

　波の一周期のうちに波は二度同じ高さになるのだから，単に余弦項だけでは運動としての波を記述するには足りないということは直感できるだろう．そこで直交座標系の二次元平面を使い，位相角 φ のとき $\cos\varphi$ を横軸に，$\sin\varphi$ を縦軸にそれぞれ割り当てて波を

$$E_{x,t} = A\left[\cos\{2\pi(vt - x/\lambda)\} + i\sin\{2\pi(vt - x/\lambda)\}\right] \tag{1-2}$$

と表現することにする（図1-2）．横軸を「実数軸」，縦軸を「虚数軸」と呼び，縦軸の単位を i（虚数単位）とする．この平面は素（単位系）が複数あるので「複素平面」と呼ばれる．実数軸値は波面の高さに対応していて，虚数軸値は波面の運動速度（正負あり）を指し示す．実数軸値と虚数軸値の二乗和が振幅の二乗になるのは当然で，これを複素数で実現するためには単に二乗するのではなく共役複素数との積を取らなければならない．$E_{x,t}$ の共役複素数は

$$E^*_{x,t} = A\left[\cos\{2\pi(vt - x/\lambda)\} - i\sin\{2\pi(vt - x/\lambda)\}\right] \tag{1-3}$$

---

2. 基準とする波のもつ位相なので，これを「基準位相」と呼ぶことにする．

であり，i を含めて両者の積を取れば振幅 A の二乗が得られる．つまり波 $E_{x,t}$ の振幅を得たいときには一旦両者の積を取ってその平方根を求めなければならない（要するに $\left|E_{x,t}\right| = A = \sqrt{E_{x,t} \times E^*_{x,t}}$ ）．

波 E のもつエネルギー密度を J と書くと，$J = c\,|E|^2$ で定義される（c は光速）．

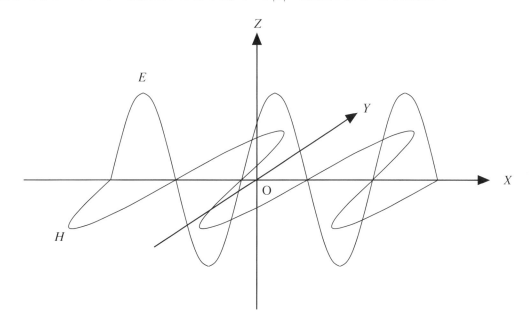

図 1-1．電場が Z 方向に直線偏光した電磁波．電磁波は X 方向に進行している．ある瞬間の原点での位相とその変化については図 1-2 を参照のこと．E：電場，H：磁場。荷電粒子は電場にのみ反応する．

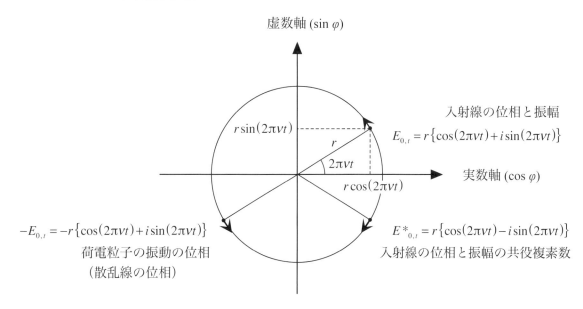

図 1-2．電磁波の位相のうち，原点での電場の位相とその変化方向を極座標表示したもの．電場の位相は円周上の点で示され，矢印方向に変化（回転運動）をしている．

3

演習 1

A. 同じ速度 c と振動数 ν を持ち振幅と位相が異なる二つの波 E_1 と E_2 があり，それらは次式

$$E_1 = A_1 \cos\varphi, \quad E_2 = A_2 \cos(\varphi + \delta) \tag{1-101}$$

で表される．これら二つの波の合成波を求めよ[3].

B. 上記の二つの波 E_1 と E_2 について，基準位相からのずれ（位相差）をそれぞれ $2\pi\delta_1$ と $2\pi\delta_2$ とする．

  (i) 二つの波 E_1, E_2 を複素数表記で表せ（復習）．

  (ii) これらの波のもつエネルギー密度 J_1, J_2 が振幅 A_1, A_2 の二乗に比例することを示せ．

  (iii) 二つの波 E_1, E_2 を指数関数で表せ（オイラーの式）．

  (iv) 振幅 A_1, A_2 が等しい（これらを A とする）とき，二つの波 E_1, E_2 の合成波 E_{mix} を E_1 と位相差を用いて表現せよ．

  (v) 合成波 E_{mix} のもつエネルギー密度 J_{mix} を J_1 と位相差を用いて表せ．

---

[3]. 速度と振動数が等しければ波長も等しい．このような（位相だけが異なる）二つの波の合成はやはり波であり，波長は元の波と等しい．このような波は $E_r = F\cos(\varphi + \alpha)$ と表記することができるはずなので，これを展開して $E_1 + E_2$ を展開したものと比較し，F と α を $A_1, A_2, \varphi, \delta$ を使って表す．

演習1解説

A. 振幅が異なる二つの波の重ね合わせの一般式

この演習では電磁波について考えている．電磁波は光速で進むから，振動数が同じであれば波長も周期も同じである．ここでは二つの波 E_1, E_2 の間の位相差が δ で表されている．$E_1 + E_2 = A_1 \cos\varphi + A_2 \cos(\varphi + \delta)$ を単純に展開すると

$$
\begin{aligned}
E_1 + E_2 &= A_1 \cos\varphi + A_2 \cos\left(\varphi + \delta\right) \\
&= A_1 \cos\varphi + A_2 \left(\cos\varphi \cos\delta - \sin\varphi \sin\delta\right) \\
&= A_1 \cos\varphi + A_2 \cos\varphi \cos\delta - A_2 \sin\varphi \sin\delta \\
&= \cos\varphi\left(A_1 + A_2 \cos\delta\right) - \sin\varphi\left(A_2 \sin\delta\right).
\end{aligned}
\tag{1-102}
$$

一方，合成波の一般式 $E_r = F\cos(\varphi + \alpha)$ も同様に展開すると

$$
\begin{aligned}
E_r &= F\cos\left(\varphi + \alpha\right) \\
&= F\left(\cos\varphi \cos\alpha - \sin\varphi \sin\alpha\right) \\
&= \cos\varphi(F\cos\alpha) - \sin\varphi(F\sin\alpha).
\end{aligned}
\tag{1-103}
$$

両者が一致するのだから $F\cos\alpha = A_1 + A_2 \cos\delta$，$F\sin\alpha = A_2 \sin\delta$ である．故に

$$
\begin{aligned}
\left(F\cos\alpha\right)^2 + \left(F\sin\alpha\right)^2 &= F^2\left(\cos^2\alpha + \sin^2\alpha\right) = F^2 \\
&= \left(A_1 + A_2 \cos\delta\right)^2 + \left(A_2 \sin\delta\right)^2 \\
&= A_1^2 + 2A_1 A_2 \cos\delta + A_2^2 \\
\therefore F &= \sqrt{A_1^2 + 2A_1 A_2 \cos\delta + A_2^2}.
\end{aligned}
\tag{1-104}
$$

また，$F\sin\alpha / F\cos\alpha = \tan\alpha = A_2 \sin\delta / (A_1 + A_2 \cos\delta)$ より

$$
\alpha = \tan^{-1} \frac{A_2 \sin\delta}{A_1 + A_2 \cos\delta}
\tag{1-105}
$$

となる．作図により導いても同じ結果になることを確認しておくこと．この複雑な形が複素数表記を使うことで簡単になることを演習 1B で示す．

B. 波の表記法と重ね合わせ

(i) 二つの波 E_1 と E_2 の複素数表記

波の位相成分は t と x の関数だが，この設問では波は二つあり，時間 t と位置 x は同じで，しかし位相がずれている．この設問では基準となる波を設定してその波の位相（基準位相）と波 E_1, E_2 との位相差をそれぞれ $2\pi\delta_1, 2\pi\delta_2$ としているのだが，複数の波の位相を別々の位置で比較することには

意味がないので，どの波についても原点で観測していることにして，基準位相との位相差 $2\pi\,\delta_1$ と $2\pi\,\delta_2$ をそのまま $-2\pi\,x_1/\lambda$ と $-2\pi\,x_2/\lambda$ にはめ込めばよい．すなわち

$$E_1(t,x_1) = A_1\Big[\cos\big\{2\pi\big(vt-x_1/\lambda\big)\big\} + i\sin\big\{2\pi\big(vt-x_1/\lambda\big)\big\}\Big],$$
$$E_2(t,x_2) = A_2\Big[\cos\big\{2\pi\big(vt-x_2/\lambda\big)\big\} + i\sin\big\{2\pi\big(vt-x_2/\lambda\big)\big\}\Big] \qquad (1\text{-}106)$$

と表記していたところを下式のように表記する（**δの正負とその意味に注意を払うこと**）

$$E_1 = A_1\Big[\cos\big\{2\pi\big(vt+\delta_1\big)\big\} + i\sin\big\{2\pi\big(vt+\delta_1\big)\big\}\Big],$$
$$E_2 = A_2\Big[\cos\big\{2\pi\big(vt+\delta_2\big)\big\} + i\sin\big\{2\pi\big(vt+\delta_2\big)\big\}\Big]. \qquad (1\text{-}107)$$

このとき $-x/\lambda=\delta$ の非正数部は位相ずれの割合（0〜1）を表しているので以降では「位相差割合」と呼ぶことにしよう．なお，下記 1B (iv) を見れば，観測点を x_{position}，波のずれ量を x_{phase} と分けて盛り込んでも，それらを合成した波には影響が及ばないことがわかる．

(ii) 波のもつエネルギー密度

波 E のもつエネルギー密度を J と書く．$J=c\,|E|^2$ で定義され（c は光速），$|E|^2$ は E とその共役複素数 $E*$ との積で表される（図 1-2 に描かれた円の半径の二乗）．E として上式を借りると

$$J = c|E|^2 = c(E\times E*)$$
$$= c\times A\Big[\cos\big\{2\pi\big(vt+\delta\big)\big\} + i\sin\big\{2\pi\big(vt+\delta\big)\big\}\Big]\times A\Big[\cos\big\{2\pi\big(vt+\delta\big)\big\} - i\sin\big\{2\pi\big(vt+\delta\big)\big\}\Big] \qquad (1\text{-}108)$$

であり，$2\pi\,(vt+\delta)=\alpha$ と置いて

$$J = cA^2\big\{(\cos\alpha)^2 - (i\sin\alpha)^2\big\}$$
$$= cA^2 \qquad (1\text{-}109)$$

が示される．

(iii) 指数関数表記

同じく演習 1B (i) の表記について，オイラーの式を逆に辿ることで波の一般式を指数関数で表記できる．すなわち

$$E_1 = A_1\exp\big\{2\pi\,i\big(vt+\delta_1\big)\big\},$$
$$E_2 = A_2\exp\big\{2\pi\,i\big(vt+\delta_2\big)\big\}. \qquad (1\text{-}110)$$

(iv) 波 E_1 と波 E_2 の合成波 E_{mix}

演習 1B (iii) の二つの波を借りる．足し合わせた波 E_{mix} は E_1 と位相差割合 δ を用いて次式で表される

$$
\begin{aligned}
E_{\mathrm{mix}} = E_1 + E_2 &= \mathrm{A}\exp\left\{2\pi\,i\left(vt+\delta_1\right)\right\} + \mathrm{A}\exp\left\{2\pi\,i\left(vt+\delta_2\right)\right\} \\
&= \mathrm{A}\left[\exp\left\{2\pi\,i\left(vt+\delta_1\right)\right\} + \exp\left\{2\pi\,i\left(vt+\delta_2\right)\right\}\right] \\
&= \mathrm{A}\left[\exp 2\pi\,i\,vt \times \left\{\exp\left(2\pi\,i\,\delta_1\right) + \exp\left(2\pi\,i\,\delta_2\right)\right\}\right] \\
&= \mathrm{A}\left[\exp 2\pi\,i\,vt \times \exp\left(2\pi\,i\,\delta_1\right) \times \left\{1 + \exp 2\pi\,i\left(\delta_2-\delta_1\right)\right\}\right] \\
&= E_1\left[1 + \exp\left\{2\pi\,i\left(\delta_2-\delta_1\right)\right\}\right].
\end{aligned}
\tag{1-111}
$$

E_1 に掛かる係数が複素数であることに注意（次節 1-6 式および図 1-3）．指数関数部は半径 1 の円周上の値を取るので大括弧の中身は $0 \sim 2$ の値を取る．0 であれば二つの波は完全に打ち消し合い，2 であれば振幅が二倍になる．上式は以下と同義であり，複素平面上で描けば E_1 への係数は長さ 1 の二本の棒の組み合わせ（角距離 $\delta_2-\delta_1$ だけ離れた二つのベクトルの和，回らない）である：

$$
\begin{aligned}
E_{\mathrm{mix}} &= E_1\left[\exp\left\{2\pi\,i\left(0\right)\right\} + \exp\left\{2\pi\,i\left(\delta_2-\delta_1\right)\right\}\right] \\
&= E_1\left[1 + 0 + \cos 2\pi\left(\delta_2-\delta_1\right) + i\sin 2\pi\left(\delta_2-\delta_1\right)\right].
\end{aligned}
\tag{1-112}
$$

(v) 合成波 E_{mix} のエネルギー密度 J を J_1 と J_2 で表す

$$
\begin{aligned}
J_{\mathrm{mix}} &= c\left|E_{\mathrm{mix}}\right|^2 = c \times E_{\mathrm{mix}} \times E_{\mathrm{mix}}* \\
&= c \times E_1\left\{1 + \exp\left(2\pi\,i\,\alpha\right)\right\} \times E_1*\left\{1 + \exp\left(-2\pi\,i\,\alpha\right)\right\}. \qquad \left(\alpha = \delta_2-\delta_1\right)
\end{aligned}
$$

$$
\tag{1-113}
$$

これを展開した後，指数関数部を複素数表記（三角関数）に書き直して，次式

$$
\begin{aligned}
J_{\mathrm{mix}} &= 2c\,|E_1|^2\left(1 + \cos 2\pi\alpha\right) \\
&= 2J_1\left\{1 + \cos 2\pi\left(\delta_2-\delta_1\right)\right\}
\end{aligned}
\tag{1-114}
$$

が得られる．$2\{1+\cos(2\pi\alpha)\}$ は単に回らないベクトル和の実数軸への投影の二倍であり，これが二つのベクトル和の長さの二乗と一致することは直感的でないが，このことは合成ベクトルの長さに関する公式から示される．別の解法として，1-111 式の冒頭まで戻り，展開したものに cosA+cosB，sinA+sinB に関する公式を適用して $E_{\mathrm{mix}} = 2\mathrm{A}\cos(\delta_2-\delta_1)\{\cos(2\pi vt+\pi\delta_1+\pi\delta_2) + i\sin\{(2\pi vt+\pi\delta_1+\pi\delta_2)\}$ を得，その共役との積を取ることで $J_{\mathrm{mix}} = 4J_1\cos^2 2\pi\{(\delta_2-\delta_1)/2\}$ が得られる．これは二等辺三角形の底辺の長さの二乗を表す．ただし，この表記は 1-111 式での表記との整合性の観点（$\delta_2-\delta_1$ が 2 で除されていること）から好ましくない．

1.2. 荷電粒子による電磁波の散乱

1.2.1. 単純調和振動（波）の重ね合わせの図示と，合成波の共通成分の省略

1-2 式で示した波の三角関数表記を，その共役複素数とともに指数関数で表記すれば

$$E_{x,t} = A\exp\left\{2\pi i(vt - x/\lambda)\right\},$$
$$E_{x,t}{}^* = A\exp\left\{-2\pi i(vt - x/\lambda)\right\}$$

(1-4)

となる（演習 1B (iii)：オイラーの式）．1-2 式に遡ってみれば直感できるように，共役複素数は極座標表示したときの位相角の経時変化方向が逆であり，つまり波を円運動で表現したときに逆回転する（図 1-2）．図 1-2 にはこの電場の変動によって振動する荷電粒子の振動の様子も記入してある（後述）．繰り返しになるが，波の振幅（以降の式中の A）は変位の総上下幅の半分なので誤解しないこと．このときの波のエネルギー密度は次式

$$J = c\left|E_{x,t}\right|^2 = c\left(E_{x,t} \times E_{x,t}{}^*\right) = cE_{\max}^2 = cA^2$$

(1-5)

で表される（演習 1B (ii)）．一言でいえば波の強度は位相には関係がなく，つまり時々刻々と変わるものではなく，単に電磁波の振幅の二乗（図 1-2における円の半径 r の二乗）に比例する．荷電粒子がこの電場の変化によって振動し，それによって新しい電磁波が発生する様子については 1.2.2. 項で説明する．

既に述べたように，観測位置の違いを表す $-x/\lambda$ を基準波との位相のずれを表す $+\delta$ で置き換えて，基準波（基準位相：$\delta = 0$）とそれぞれの波との間の位相差を表すのに用いる．このとき，多数の波の重ね合わせ E_{mix} と，そのエネルギー密度（強度）は次式

$$
\begin{aligned}
E_{\mathrm{mix}} &= E_1 + E_2 + \cdots \\
&= A_1\exp\left\{2\pi i(vt + \delta_1)\right\} + A_2\exp\left\{2\pi i(vt + \delta_2)\right\} + \cdots \\
&= \sum_j A_j \exp\left\{2\pi i(vt + \delta_j)\right\} \\
&= \exp 2\pi ivt \times \sum_j A_j \exp(2\pi i\delta_j),
\end{aligned}
$$

$$
\begin{aligned}
J_{\mathrm{mix}} &= c\left|E_{\mathrm{mix}}\right|^2 = c \times \left\{\exp(2\pi ivt)\sum_j A_j\exp(2\pi i\delta_j)\right\} \times \left\{\exp(-2\pi ivt)\sum_j A_j\exp(-2\pi i\delta_j)\right\} \\
&= c\left\{\sum_j A_j^2 + \sum_{j>k}\sum A_j A_k \exp 2\pi i(\delta_j - \delta_k)\right\} \\
&= c\left\{\sum_j A_j^2 + \sum_{j>k}\sum A_j A_k \cos 2\pi(\delta_j - \delta_k)\right\}
\end{aligned}
$$

(1-6)

で表現される．上式のうち E_{mix} を図 1-3 に示す．合成波はそれぞれの波について基準波との位相差を使って表すことができて，複数の波を重ね合わせたときの実数部は余弦項の和，虚数部は正弦項の和で表すことができる．すなわち合成波は以下の二つを実数部と虚数部にもつ複素数で表現される：

Real part: $A_1 \cos 2\pi\delta_1 + A_2 \cos 2\pi\delta_2 + A_3 \cos 2\pi\delta_3 + \cdots = \sum_j A_j \cos 2\pi\delta_j$

Imaginary part: $A_1 \sin 2\pi\delta_1 + A_2 \sin 2\pi\delta_2 + A_3 \sin 2\pi\delta_3 + \cdots = \sum_j A_j \sin 2\pi\delta_j$.

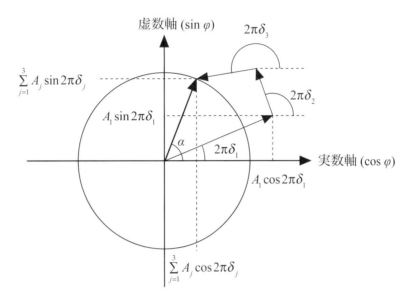

図 1-3．波 E_1, E_2, E_3（振幅 A_1, A_2, A_3）の合成波 E_{mix} の位相を表す半径 A_{mix} の円．波 E_1, E_2, E_3 のどれも同じ速度で進行する，つまりそれぞれの角速度が同じ波のときだけ，これらの合成波は三本の矢印が一体になって回転したものになり，それはつまり位相角 α で示されている一本の矢印である．基準にする波の位相は今は実数軸上（$\delta = 0$）にあるが，これも同じ速度で同じ方向に回転している．つまり位相ずれは α のまま変わらない．E_{mix} を表す円のみ示し，個々の波を表す円は省略する．

さて，何か一つ基準になる波を想定したときに合成波の位相と振幅がそれからどれだけずれているかが肝心なので，E_j と E_{mix} 中の共通位相成分 $\exp 2\pi i v t$ を基準波と想定して，さらにそれを省略したものを G_j と G_{mix} と書こう．つまり図 1-3 を時間とともに回したりせず固定してしまう．また，合成波の強さについて説明するにはエネルギー密度より「強度」のほうが直感的なので，ここから先では記号 J の代わりに I を使うことにする．光速 c も省略する．そうすると合成波については

$$G_{\text{mix}} = \sum_j A_j \exp\left(2\pi i \delta_j\right),$$
$$I_{\text{mix}} = \sum_j A_j^2 + \sum_{j>k}\sum A_j A_k \cos 2\pi\left(\delta_j - \delta_k\right)$$

(1-7)

と略記できる．G_{mix} は時間 t の関数ではない．つまり G_{mix} は波を表しているのではなく，**複素平面上に固定された棒（図 1-3 を参照，ただし $|G_{\mathrm{mix}}|$ はゼロでもよい）であることに注意すること**．

1.2.2. 座標原点（$x = 0$）に荷電粒子がある場合

　座標原点（$x = 0$）に電荷 e，質量 m の荷電粒子があって，ここに直線偏光した振幅 A の X 線 $E_{0,t}$ が入射すると，この粒子には電場の振動方向に $eE_{0,t}$ の力（加速度）が掛かる．荷電粒子はこの力を受けて振動する（図 1-4）．振動方向を z 方向とすると 1-2 式より

$$m\ddot{z}_t = eE_{0,t} = eA\{\cos(2\pi\nu t) + i\sin(2\pi\nu t)\} \tag{1-8}$$

（$\ddot{z}$ は z の二回微分済みを表す記号）と書けて，粒子の変位速度と変位（位置）を知りたければ上式を時間 t について順次積分すればよい：

$$
\begin{aligned}
\dot{z}_{0,t} &= \frac{e}{2\pi\nu m} A\{\sin(2\pi\nu t) - i\cos(2\pi\nu t)\}, \\
z_{0,t} &= \frac{e}{4\pi^2\nu^2 m} A\{-\cos(2\pi\nu t) - i\sin(2\pi\nu t)\} \\
&= -\frac{e}{4\pi^2\nu^2 m} A\{\cos(2\pi\nu t) + i\sin(2\pi\nu t)\} \\
&= -\frac{e}{4\pi^2\nu^2 m} E_{0,t}.
\end{aligned}
\tag{1-9}
$$

見ての通り，粒子の変位（位置）$z_{0,t}$ は入射線の電場の大きさ $E_{0,t}$ に比例し正負が逆（π ラジアン遅れ），運動速度も $1/2\,\pi$ ラジアン遅れになっている．要するに粒子は入射 X 線の電場の振動と同じ振動数で，ただし半周期遅れ（実数軸だけを見れば逆位相に見える）で振動することになる（図 1-2）．

　振動（加速度運動）する荷電粒子は，それ自体の運動の加速度に対応した新たな電磁波を放出する．つまり荷電粒子に加速度を掛けるとそれに応じた電磁波を放出する．この放射線の位相と振動数は荷電粒子の振動のそれらに等しい，すなわち今考えているケースについては入射 X 線と波長が同じで位相が逆の X 線が発生する．これを「散乱 X 線」と呼んではいるものの，実のところ入射 X 線が向きを変えて撒き散らされているのではなく新たに発生した X 線である．これはトムソン散乱と呼ばれる．これは波長，位相ともに入射 X 線と明確な関係があるので，二つ以上の荷電粒子からの散乱 X 線の間にもやはり明確な関係がある．つまりこれらは干渉することができる．入射 X 線より波長の長い波も発生するが（コンプトン効果），ここでは無視する．

　さて，X 線が横波であることに注意しよう．荷電粒子は Z 軸上を振動するのだから，荷電粒子が放出した電磁波の強度は Z 軸を無限回回転対称軸とした分布をする（双極子放射）．つまり Z 軸に垂直な方向へ飛んでいく電磁波の強さはどの向きでも同じである．一方で，Z 軸に垂直な振動成分は

ないので（つまり Z 軸方向から見たら振動しているように見えないのだから），Z 軸方向に出て行く
散乱 X 線の強度はゼロだろう（図 1-4a）．ではそれらの中間ではどうか？　粒子の周りに半径 R の
球体を考え，入射する X 線の強度を I_0，微小角 $\Delta\Omega$ に対応する面積を ΔS，そこを単位時間内に通る
散乱 X 線強度を ΔI とする（図 1-4b）．このとき強度 I について以下の関係式

$$dI = I_0 \left(\frac{e^2}{mc^2} \cos\varphi \right)^2 d\Omega \tag{1-10}$$

が成り立っている（ここでの φ を演習 1 での φ と混同しないように注意）．すなわち，I は $\cos^2\varphi$ に
比例し m^2 に反比例する．原子核は電子より遥かに重いから，原子核からの寄与は無視できる．要す
るに X 線の弾性散乱強度を使って得られるのは電子に関する情報である（原子核に関する情報は間
接的にしか得られない）．電荷量「1」の粒子，つまり電子一つが Z 軸に垂直な方向へ放出する電磁
波の強さを「1」，つまり散乱 X 線の強度とその増減を考える上での単位量とする．電子一つによ
る散乱を扱っていることが明らかな場合には振幅 A が省略されることがあるので注意すること．ま
た，入射 X 線の振幅は現象全体に掛かる係数なので別に考慮する．1-10 式を Ω について積分した次
式

$$I_{\varphi, R} = I_0 \left(\frac{e^2}{mc^2} \frac{1}{R} \right)^2 \cos^2\varphi \tag{1-11}$$

が散乱 X 線の強度になる．球面上の任意の点における電場もまた φ と R の関数であり

$$\begin{aligned} E_{\varphi, R} &= E_t \frac{e^2}{mc^2} \frac{1}{R} \cos\varphi \\ &= E_{max} \frac{e^2}{mc^2} \frac{1}{R} \cos\varphi \times \left[-\cos\left\{ 2\pi\left(vt - \frac{R}{\lambda} \right) \right\} \right] \end{aligned} \tag{1-12}$$

と書ける．ここでは電場の振動方向が Z 方向のみである場合，いわゆる直線偏光について説明してい
るが，もし振動方向が Y 方向（つまり図 1-4 で紙面に垂直）であれば，ΔS を通る散乱 X 線の強度 ΔI
は φ によらず一定のはずである．というわけで，この場合の電場の大きさは 1-12 式から $\cos\varphi$ の項を
外したものになり，次式

$$E_R = E_{max} \frac{e^2}{mc^2} \frac{1}{R} \times \left[-\cos\left\{ 2\pi\left(vt - \frac{R}{\lambda} \right) \right\} \right] \tag{1-13}$$

と書ける．仮に全く偏光していない，つまり入射方向に垂直なあらゆる方向にむらなく電場が振動し
ている X 線が入射した場合の散乱強度は次式

$$I_{\varphi, R} = I_0 \left(\frac{e^2}{mc^2} \frac{1}{R} \right)^2 \times \frac{1 + \cos^2\varphi}{2} \tag{1-14}$$

11

で表されて，右辺右側の $(1 + \cos^2\varphi) / 2$ の項が試料から放出される散乱 X 線についての偏光補正項となる．簡単に言えば，荷電粒子 1 個に偏光していない X 線を当てた時に出てくる散乱 X 線は入射方向から 90° の方向で一番弱くなる．何故そうなるのかを理解できるまでこの項を読み返すこと．

追加の考察：入射 X 線が水平面内に完全に直線偏光しているとき，粉末 X 線
回折計の計数管はどのように動かせばよいか？

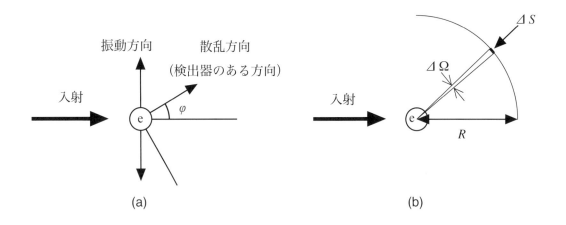

振動方向　散乱方向
（検出器のある方向）
入射
e
φ

(a)

入射
e
ΔS
$\Delta \Omega$
R

(b)

図 1-4．電場が紙面内のみで振動するような電磁波（X 線）が入射したときの荷電粒子の振動．(a) このとき荷電粒子の振動によって散乱 X 線が発生し，その強度は振動方向と散乱を観測する方向との間の角度 φ に依存する．電磁波が横波だということを思い出せば，観測方向へと放出される「波」はその方向から見たときの「振動量」に対応することと，荷電粒子の振動方向へは X 線が放出されないことがわかる．(b) 積分方法．

1.2.3. 座標原点 $(x, y, z = 0)$ 以外にも荷電粒子がある場合と，散乱波の干渉

　真空中に電子が二つ浮かんでいる様子を想像してみる．もしそこに X 線が入射すればそれぞれの粒子から散乱 X 線が放射されて互いに干渉するだろう．ここからは，これら二つの電子を任意の位置にある観測点から見たときの「観測点からの距離の差（行路差）」を適当に定義し，片方の電子からの波を基準波にして，二つの波の位相差について考える．ここで前提にするのは，X 線源はずっと遠くにあるので入射線を平面波として描いてもよいこと，観測点も粒子からずっと遠くにあるので線源 → 粒子 → 観測点の光路はそれぞれの粒子について平行に描いてよいこと，そして知りたいのは観測点のある方向（つまり入射方向に対する散乱方向）と散乱線の振幅あるいは強度との関係である．

　原点 O に基準となる電子 e_O，点 P_j に別の電子 e_{Pj} があるとする（図 1-5）．ここに入射する X 線は完全に偏光していて，その電場の振動方向は散乱面に垂直であるとする（散乱面とは X 線の入射方

向と散乱方向を両方とも含んでいる面を指す．図1-5では紙面上に散乱方向を取ってあるから「散乱面」とはこの紙面のことで，電場の振動方向は紙面に垂直ということ）．X線の入射方向への単位ベクトルをs_0，位相差を知りたい方向（つまり散乱方向）への単位ベクトルをs_1として，原点から点P_jにある電子e_{Pj}へのベクトルをr_jとする．すると，線源から電子e_0までと，線源から電子e_{Pj}までの距離の差は$s_0 \cdot r_j$として得られる．図1-5では線源から遠くにあるほうのe_{Pj}が少々遅れて振動している．一方，ベクトルs_1の方向に遥かに離れた場所に計数管を置いたとき，e_0から計数管までと，e_{Pj}から計数管までの距離の差は$s_1 \cdot r_j$として得られる．故に，e_0とe_{Pj}から放射されたX線を遥かに離れた場所で観測すれば，線源から計数管に至る両者の行路差は$(s_1 \cdot r_j) - (s_0 \cdot r_j) = (s_1 - s_0) \cdot r_j$となる．図1-5では$s_1 \cdot r_j, s_0 \cdot r_j, (s_1 - s_0) \cdot r_j$の**どれも正の値**であるが，経路自体は$P_j$を経由するほうが$(s_1 - s_0) \cdot r_j$だけ**短い**．つまり$e_{Pj}$から放出されて計数管に届いたX線は$e_0$から放出されたものに比べて位相が少々**先行していて**，その位相差は$2\pi\{(s_1 - s_0) \cdot r_j / \lambda\}$となる．位相が先行しているというのは図1-1では**xが負である**ことに相当する（必ず理解すること）．二つの波の位相差割合が$+\delta (= -x / \lambda)$で表されていたことを思い出せば（演習1B (i) 解題，1-6式）

$$\delta = \frac{-x}{\lambda} = \frac{s_1 \cdot r_j - s_0 \cdot r_j}{\lambda} = \frac{(s_1 - s_0) \cdot r_j}{\lambda} \qquad (1\text{-}15)$$

となる．散乱ベクトルSを$(s_1 - s_0)$と定義すると

$$\delta = \frac{S \cdot r_j}{\lambda} \qquad (1\text{-}16)$$

と書ける．単位ベクトルs_0, s_1の代わりにそれらと同じ方向を向いていて大きさ$1/\lambda$のベクトル（波数ベクトル）k_0, k_1を定義し，この場合の散乱ベクトルを$K = (k_1 - k_0)$と定義すると，δとSを

$$\delta = (k_1 \cdot r_j - k_0 \cdot r_j) = (k_1 - k_0) \cdot r_j = K \cdot r_j,$$
$$S = K\lambda, \quad K = \frac{S}{\lambda} \qquad (1\text{-}17)$$

と書くことができる．また，$A = 1$としておけば，基準波E_0ともう一つの波E_jの合成波の振幅と位相差割合を表すG_{mix}は$G_j \equiv \exp 2\pi i \, \delta_j$から

$$G_{\mathrm{mix}} = 1 + G_j = 1 + \exp 2\pi i \{(k_1 - k_0) \cdot r_j\}$$
$$= 1 + \exp 2\pi i (K \cdot r_j) \qquad (1\text{-}18)$$

と書き換えられる．なお，基準になる電子を取り替えても（原点とP_jとを取り替えても）実際のところ余弦関数は偶関数なので気にしなくともよい．一般化すると，n個の電子がそれぞれ$r_1, r_2, \dots r_n$の位置にあるとき，「合成された散乱波について，これの振幅と基準位相からの位相差割合を表す複素数G_{mix}」（1-7式：1.2.1.項参照）は次のように書き直される：

13

$$G_{mix} = \sum_{j=1}^{n} \exp 2\pi i \left\{ \left(\boldsymbol{k}_1 - \boldsymbol{k}_0 \right) \cdot \boldsymbol{r}_j \right\}$$

$$= \sum_{j=1}^{n} \exp 2\pi i \left(\boldsymbol{K} \cdot \boldsymbol{r}_j \right). \tag{1-19}$$

$|G_{mix}|$ が最大になるのはベクトルの内積の非整数部がどれも同じときで，このときの値が電子数 n に等しいことは直感的にわかる．また，これは入射 X 線の進行方向とは異なる方向でも起きうることを理解しておこう．可能な最小値がゼロであることは図 1-3 から直感できる．

　図 1-5 でベクトル $\boldsymbol{r}_j$ の先端が紙面から外れていても（手前に浮いていても，奥に沈んでいても）ベクトルを散乱面に投影したときのベクトルの先端位置が変わらなければそのベクトルと $\boldsymbol{s}_0, \boldsymbol{s}_1$ との内積は変わらない，つまり $\boldsymbol{K} \cdot \boldsymbol{r}_j$ が変わらないことを確認しよう．

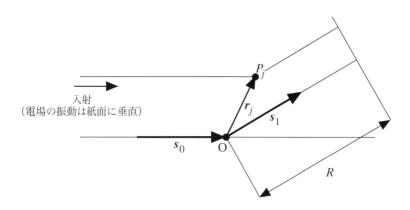

図 1-5．原点 O と点 P_j にそれぞれ一つずつ電子がある場合について，電子の位置ベクトル $\boldsymbol{r}_j$ と入射方向／観測方向への単位ベクトル $\boldsymbol{s}_0, \boldsymbol{s}_1$ との関係．

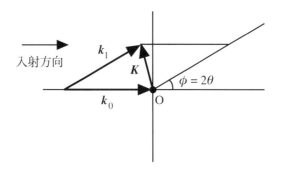

図 1-6．基本ベクトル長を $1/\lambda$ に取ったときの散乱ベクトル $\boldsymbol{K}$，ただしベクトル $\boldsymbol{k}_1$ の始点をベクトル $\boldsymbol{k}_0$ の始点と同じ位置に取っている．

演習2

入射する X 線は完全に偏光していて，その電場の振動方向は散乱面に垂直であるとする．

A. 入射 X 線の波長 λ が 0.71 Å (Mo $K\alpha$) であるとき図 1-5 を k_0, k_1, K を使って描き直し，図中にベクトルの内積を記入し，さらに式で表せ．また，合成波についての複素数 G_{mix} を k_0, k_1, K を使った式で表せ．さらに，$I_{\mathrm{mix}} = G_{\mathrm{mix}} \cdot G_{\mathrm{mix}}{}^*$（$G_{\mathrm{mix}}{}^*$ は G_{mix} の共役複素数）を同様な式で表せ．ただし，二つの荷電粒子により放射される散乱 X 線の振幅を等しく A とする．

B.

(i) 図 1-7 のように，四つの同種の荷電粒子が一直線上に間隔 3λ で並んでいる．波長 λ の X 線がこの粒子の列に垂直に入射している．これら 4 個の粒子による散乱 X 線の合成波についての G_{mix} を求めよ．（1-15 式に戻り，二つのベクトル s_0, s_1 と粒子の位置ベクトル r_j との内積をそれぞれ求めて 1-19 式に代入すればよい．）

(ii) 回折角 2θ = 0~180° の範囲について，20° 毎に G_{mix} を計算し，I_{mix} も求めよ．

(iii) 上記 (ii) で荷電粒子の間隔を 0.5 λ として同様に計算せよ．

　　　＊上記 (ii) と (iii) については gnuplot で描くのでもよい．

　　　＊波長に比べて荷電粒子の間隔が十分に小さければ，それらによる散乱波の
　　　重ね合わせはゆるやかに減衰するのみになるだろう．

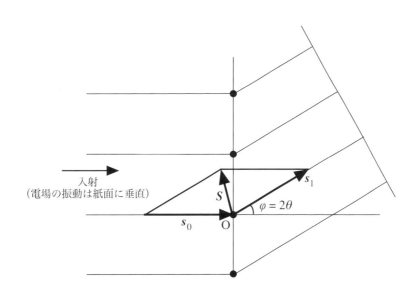

図 1-7．入射方向に垂直に並んだ四つの荷電粒子．「散乱ベクトル S」は入射方向と散乱方向についての基本ベクトルによって定義されるものであって散乱方向を向いたベクトルではないことに注意．

C. 散乱ベクトル

(i) 図 1-6 について φ が 90°, 180°, 270° の場合の散乱ベクトル $\boldsymbol{K}$ を作図せよ.

(ii) 観測者のいる方角（$\boldsymbol{k}_1$ の方向）を紙面内で自由に変化させたときの散乱ベクトル $\boldsymbol{K}$ の先端の軌跡を作図せよ.

(iii) 散乱ベクトル $\boldsymbol{K}$ の大きさを，φ $(= 2\theta)$ と波長 λ の関数として表せ.

演習2解説

A. 波数ベクトル k を使ったベクトルの内積の作図と行路差

　入射方向の波数ベクトルと観測点の方角への波数ベクトルがそれぞれ k_0, k_1 であり，原点にある荷電粒子 e_0 からの散乱 X 線の位相を基準とする．s_0, s_1 の代わりに k_0, k_1 を使っても同じことで，線源から点 P_j までの距離は原点までの距離に比べて $k_0 \cdot r_j$ だけ長い．また，観測点から点 P_j までの距離は原点までの距離に比べて $k_1 \cdot r_j$ だけ短い．原点を経由する距離を基準にして，点 P_j を経由したときの距離の短縮分（行路差）は $k_1 \cdot r_j - k_0 \cdot r_j = (k_1 - k_0) \cdot r_j = K \cdot r_j$ で表される．単位ベクトルを使っているなら $S \cdot r_j$ が $-x$ に相当するが，$|k_0|, |k_1|$ は既に λ で除されているので $K \cdot r_j$ がそのまま位相差割合 $+\delta\,(= -x/\lambda)$ になる．これらを図 1-8 に示す[4]．

　原点にある荷電粒子による散乱波の位相を基準にする．位相差がわかったので，合成波についての複素数 G_{mix} とその「強度」I_{mix} は以下のように表される

$$
\begin{aligned}
G_{\mathrm{mix}} &= \sum_{j=0}^{1} A \exp\left(2\pi i \,\delta_j\right) \\
&= A \exp\left(2\pi i \times 0\right) + A \exp\left(2\pi i \,\delta_1\right) \\
&= A\left\{1 + \exp\left(2\pi i \,\delta_1\right)\right\} \\
&= A\left[1 + \exp\left\{2\pi i\left(K \cdot r_1\right)\right\}\right],
\end{aligned}
\tag{1-201}
$$

$$
\begin{aligned}
I_{\mathrm{mix}} &= G_{\mathrm{mix}}\,G_{\mathrm{mix}}{}^* = A\left[1 + \exp\left\{2\pi i\left(K \cdot r_1\right)\right\}\right] \times A\left[1 + \exp\left\{-2\pi i\left(K \cdot r_1\right)\right\}\right] \\
&= A^2\left[\left[1 + \exp\left\{2\pi i\left(K \cdot r_1\right)\right\}\right] \times A\left[1 + \exp\left\{-2\pi i\left(K \cdot r_1\right)\right\}\right]\right] \\
&= A^2\left[1 + \exp\left\{2\pi i\left(K \cdot r_1\right)\right\} + \exp\left\{-2\pi i\left(K \cdot r_1\right)\right\} + 1\right].
\end{aligned}
$$

I_{mix} の指数関数部を三角関数で展開して

$$
I_{\mathrm{mix}} = 2A^2\left\{1 + \cos 2\pi\left(K \cdot r_1\right)\right\}
\tag{1-202}
$$

が得られる．これを 1-113 式と比較せよ．

---

4. K と S は方向は同じだが大きさは異なる（$|K|$ のほうが大きい）．単に図 1-5 の記号を書き換えただけのものは不正解．

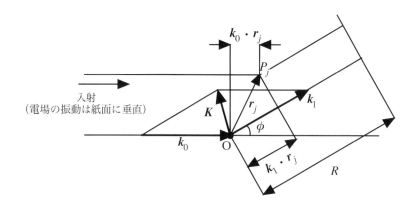

図 1-8. 二つの波数ベクトル k_0, k_1 から定義される新しい散乱
ベクトル K と，二つ目の電子 e_{Pj} の位置ベクトル r_j との関係，
および各ベクトルの内積．ここでの行程差は $1/\lambda$ を単位にして
いる．

B. 整列した粒子による散乱波の合成

(i), (ii) s_0 と r_j は直交するので内積はゼロ，s_1 と r_j は直交しておらず両者の内積は（$|s_1| = 1$ より）

$s_0 \cdot r_j = |r_j| \sin 2\theta$ で表せるから $\delta = \dfrac{|r_j| \sin 2\theta}{\lambda}$ である．座標原点を四つの荷電粒子の並びの真ん中に取れば，それぞれの荷電粒子（番号は上から 1, 2, 3, 4）による散乱 X 線は次式で表される．共通位相成分は「原点に荷電粒子があった場合に，その荷電粒子により散乱されてカウンターに飛び込むはずの散乱 X 線の位相であって，実際には原点に荷電粒子がなくとも，つまりその位相についての強度がなくとも構わない」ことに留意すること．

$$E_1 = A\left\{\exp 2\pi\, ivt \times \exp 2\pi\, i\left(+\frac{9\lambda}{2} \cdot \frac{1}{\lambda}\sin 2\theta\right)\right\},$$

$$E_2 = A\left\{\exp 2\pi\, ivt \times \exp 2\pi\, i\left(+\frac{3\lambda}{2} \cdot \frac{1}{\lambda}\sin 2\theta\right)\right\},$$

$$E_3 = A\left\{\exp 2\pi\, ivt \times \exp 2\pi\, i\left(-\frac{3\lambda}{2} \cdot \frac{1}{\lambda}\sin 2\theta\right)\right\}, \qquad (1\text{-}203)$$

$$E_4 = A\left\{\exp 2\pi\, ivt \times \exp 2\pi\, i\left(-\frac{9\lambda}{2} \cdot \frac{1}{\lambda}\sin 2\theta\right)\right\}.$$

これら四つによる合成波のうち共通位相成分を省き，振幅の指数関数部を三角関数で展開して

$$G_1 + G_2 + G_3 + G_4$$

$$= A\left[\exp 2\pi\, i\left(+\frac{9}{2}\sin 2\theta\right) + \exp 2\pi\, i\left(+\frac{3}{2}\sin 2\theta\right) + \exp 2\pi\, i\left(-\frac{3}{2}\sin 2\theta\right) + \exp 2\pi\, i\left(-\frac{9}{2}\sin 2\theta\right)\right]$$

$$= 2A\{\cos(9\pi\sin 2\theta) + \cos(3\pi\sin 2\theta)\} \qquad (1\text{-}204)$$

が得られる．こうして得られた G_{mix} はもう虚数項を含んでいないので I_{mix} を求めるには上記を単に二乗すればよい．後は関数電卓に代入して数値を求めればよいので数値は省略する（各自で求めること）．

(iii) さて，もしも荷電粒子の間隔が 0.5λ であるときには，上式は

$$G_1 + G_2 + G_3 + G_4 = 2A\left\{\cos(1.5\pi\sin 2\theta) + \cos(0.5\pi\sin 2\theta)\right\} \tag{1-205}$$

と変形される．省略せずに書けば合成波は上と共通位相成分の $\exp 2\pi ivt$ の積である．この状況では $2\theta = 90°$ で散乱波が互いに打ち消し合うことを自力で確認しておこう．それを確認した上で $2\theta = 90°$ を代入したときにもし $G_1 \sim G_4$ の和がゼロにならないのならば余弦項の内側の単位が「度」になっているのでラジアンに修正すること（第 1.1.3. 項）．

追加の考察

1．以下の状況では上記はどのように修正されるか？

・電場の振動を紙面内にする．

・入射方向を含み紙面に垂直な面内でベクトル s_1 を動かす．

・上記の両方

・粒子の配列方向を入射方向に合わせる．

2．そもそも散乱波の振幅が「減る」どころか「位相が逆転する」理由を整然と説明できるか？

3．虚数項が打ち消し合わないときには何が起きるか？

4．粒子間の間隔が波長の 1% 程度なら何が起きるか？

C. 散乱ベクトルの作図（反射球あるいはエバルト球）
（次節図 1-10 に示す．）

Gnuplot による図示

粒子間隔 3λ のときの合成波の振幅 (a) と強度 (b)，同じく 0.5λ のときの合成波の振幅 (c) と強度 (d) を下に示す．粒子間隔 3λ のときに四つの波が奇麗に重なる方向は入射方向の延長とその逆向きの他に五方向あることがわかる．ところで，下図 (a) で $2\theta = 0°$ と $2\theta = 90°$ では絶対値が同じだが符号が逆になっている．その理由も説明すること．

(a)
```
plot [0:180]  2 * (cos(9 * pi * sin(x/57.325)) \
                 + cos(3 * pi * sin(x/57.325)))
```

(b)
```
plot [0:180] (2 * (cos(9 * pi * sin(x/57.325)) \
                 + cos(3 * pi * sin(x/57.325)))) ** 2
```

(c)
```
plot [0:180]  2 * (cos(1.5 * pi * sin(x/57.325)) \
                 + cos(0.5 * pi * sin(x/57.325)))
```

(d)
```
plot [0:180] (2 * (cos(1.5 * pi * sin(x/57.325))
                 + cos(0.5 * pi * sin(x/57.325)))) **2
```

図 1-9．gnuplot による図示．(a) 粒子間隔 3λ のときの G_{mix}．(b) 粒子間隔 3λ のときの I_{mix}．(c) 粒子間隔 0.5λ のときの G_{mix}．(d) 粒子間隔 0.5λ のときの I_{mix}．

1.2.4. エバルト球（反射球）

　前節では入射方向と散乱方向（干渉を考える方向）の単位ベクトルをそれぞれ s_0, s_1 としたときの散乱ベクトルを S，単位ベクトルの代わりに長さ $1/\lambda$ の波数ベクトル k_0, k_1 を使ったときの散乱ベクトルを K とした．K を使えば複数の電子による放射 X 線（散乱 X 線）の行路差を波長で割った位相差割合は $K \cdot r$ で表される．r はとりあえず措いておき，入射方向と観測方向の組み合わせで生まれる K について三次元空間で考えてみよう．

　$K = k_1 - k_0$ なのだから，散乱ベクトル K の先端位置は座標原点 O から線源に向かって $x = -1/\lambda$ だけ離れた場所を中心とした半径 $1/\lambda$ の球面を作る（図 1-10）．この球を反射球あるいはエバルト球（Ewald sphere）と呼ぶ．また，$|K|$ が $2\sin\theta/\lambda$ であることもわかる．入射方向と観測方向で決まる K が重要なのであって，ベクトル s_1, k_1 の始点がずらされているのは単に説明の都合である．エバルト球の中心を座標原点に置いて描いてもよい．ただし K の始点をエバルト球の右端から動かしてはいけない．X 線の入射方向が決まれば自動的にエバルト球も決まり，干渉した後の散乱 X 線の強度を考える方角毎に K が決まるので，観測する方向毎の複素数 G_{mix} も決まる（1-19 式）．$|G_{\mathrm{mix}}|$ が大きければそれに対応する k_1 の向きで散乱 X 線が観測される．

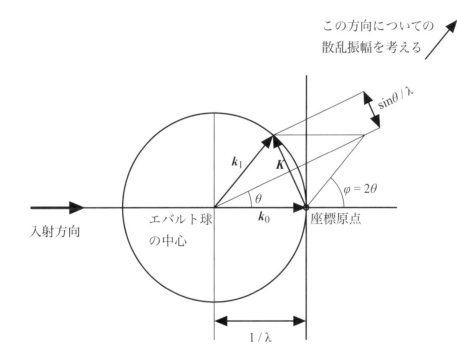

図 1-10．入射方向と散乱方向（波の干渉を考える方向であり，つまり散乱振幅を求めたい方向で，この方角に観測点があるとする）への波数ベクトルと散乱ベクトル．散乱ベクトル K の先端は半径 $1/\lambda$ の反射球の表面を取り得る（内側は取らない）．

21

荷電粒子の集団に X 線が入射したとき，回折 X 線が観測されるような“入射方向”と“観測方向”の組み合わせがあったとする．エバルト球自体は入射方向と波長で自動的に一つ決まり，観測方向がどの方向であっても K の先端はエバルト球上のどこかにある．k_1 の方向，つまりはエバルト球上の K の先端位置を変えるのは観測する人間の仕事で，これは検出器を移動して行う．

　さてここで，これら入射方向，観測方向と結晶の向きについて考察してみる．例として図 1-7 に描いた四つの荷電粒子の配列を取り上げる．既に演習 2B (ii) より $2\theta \approx 20°$ の方角ではこの配列からの散乱波が強め合うことがわかっているから，検出器は入射方向から左回りに 20° の方角に固定する．このとき散乱ベクトル K は配列から左回りに 10° 傾いている（下図）．ここで散乱ベクトル K を軸として配列全体を回してみる．

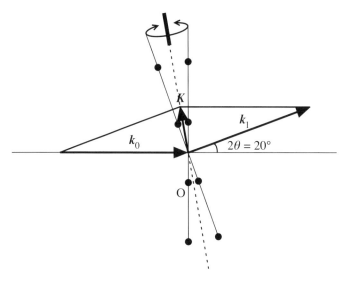

図 1-7 を改変して再録.

　波を検出器側から逆流させたときに X 線源に向かう波の位相が揃うことは直感的にわかるから，配列を 180° 回転させた場合に検出される波の位相が揃って合成波の振幅も配列を回転させる前と同じになることも直感的にわかる．それ以外の回転角度では粒子はどれも散乱面（紙面）から外れている．しかし，G_{mix} に関わるのは二つのベクトル K と r_j の内積のみ（1-19 式），つまり r_j のもつ成分のうち K に沿う方向への成分のみなのであって，r_j が K を軸として回転している分には両者の内積は変わらないから，検出される波の振幅 G_{mix} は変わらない．

　一般に，I_{mix} を大きくする K が見つかったときには，その K を回転軸として粒子の配列全体を回すことができる（ψ-scan）．この性質から，複数の粒子による散乱 X 線の重ね合わせの振幅が大きいときにこれを「K に垂直な面による反射」と言うことがある[5].

---

5. ラウエ指数が hkl である回折 (diffraction) を指して「hkl 面による反射」(reflection) と呼ぶ理由.

1.3. 原子と原子群による電磁波の散乱

1.3.1. 電子の存在確率（確率密度関数）と原子散乱因子（形状因子）

原子は原子核とその周囲を高速で巡る電子で構成されているのだから原子一つによる散乱波が既に複数の波の合成 G_{mix} である．これを得るには電子の座標が必要に思えるが，その代わりに，とりあえず位置を決めておいてそこに電子がいる可能性（確率密度）とその分布（確率密度分布）を考えればよいことを以下に説明する．

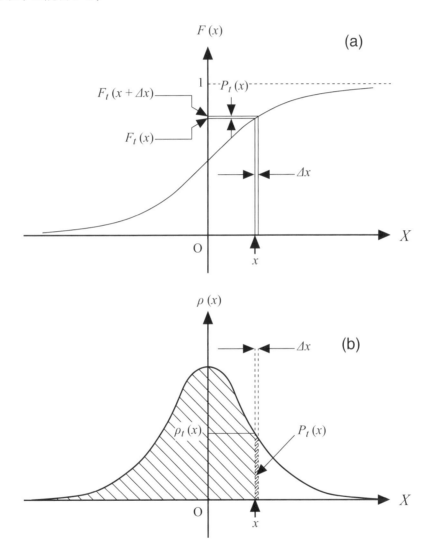

図 1-11. 原点に極大をもつ確率密度関数とその分布関数.
(a) 確率変数 X がある瞬間 t に $X: X \leq x$ という値を取る確率 $F_t(x)$
（分布関数）と $X: x \leq X \leq x + \Delta x$ を取る確率 $P_t(x)$. (b) $X = x$ となる確率 $\rho_t(x)$（確率密度）. 分布関数 $F_t(x)$ は確率密度 $\rho_t(x)$ を $-\infty$ から x について積分したもの.

動き回る電子の群れが放出する X 線についての G_{mix} を考えるのだが，まずは原点に電子 e_1 を置いて[6]，これによる散乱 X 線の位相を基準にする．e_1 は動かさないで，さらにもう一つ電子 e_2 を持って来て，それが動き回っているとする．こう書くと「電子はニュートン力学に従うような古典力学的な粒子ではないから，位置とその運動量（その瞬間に向かっている方向と速度）は決められない！」（いわゆる「ハイゼンベルグの不確定性原理」）という反論が出てきそうだ．電子のような粒子についての量子論的効果，つまり位置とその運動量の「不確定性」自体はおそらく正しい．この問題には深入りしないが，しかし事前に態度を表明する必要はありそうなので，ここで触れておこう[7]．

　ハイゼンベルグが 1927 年の論文で述べたのは，電子の位置を知ろうとする試み（測定）によって電子の運動量がそれにより変動（擾乱）し，位置の誤差と運動量の変動との積はある決まった値と同程度かあるいは大きくなるだろうということである．本書では電子は X 線を浴びせられて強制的に揺すぶられるのだから，この問題は重要であるという印象を受ける．しかし本書で扱っているのは電子の位置や運動量を決める作業ではないので，擾乱について深く悩む必要はないだろう．むしろ同年に示されたディラックとヨルダンによる位置と運動量の不確定性についての定性的な指摘と，ケナードによる不等式 $\sigma\left(\hat{Q}\right)\sigma\left(\hat{P}\right) \geq \dfrac{1}{2}\hbar$ （$\hbar$ はプランク定数）のほうが重要である．ここで $\sigma\left(\hat{Q}\right)$ は位置の，$\sigma\left(\hat{P}\right)$ は運動量の標準偏差であり，つまりこの不等式は人間の働きかけとは無関係に粒子がもつ本来的な不確定性を指している．この位置の不確定性はシュレディンガーによる波動関数と同じものに見える．ここから，電子は粒子性をもたず，波動関数で規定される電子雲の中を満たしている何者かであるとする捉え方が生まれる．それに対する反論は「軌道を記述するシュレディンガー方程式は時間非依存つまり時間について積分済みであり，このため電子の位置は確率としてしか得られない．しかし電子は依然として粒子性を維持していて，ある瞬間に電子がある位置は 1 カ所である．ただし，位置は測定した時点でようやく決まる」というものである．つまり不確定性とは「ぼやけている」のではなく「期待を裏切る」という意味ということだろう．ここでは説明のために後者を採用して，電子を古典論と同様に粒子として扱うことにする．

　さて，e_2 が三次元空間をふらふらとさまよっているとき，この e_2 の座標 r_{xyz} がある瞬間 t に微小空間 d^3r_{xyz}（以降では r, dr と略記する）に位置している確率 $P_t(r)$ を次式で定義する

$$P_t\left(r\right) = \rho_t\left(r\right)dr. \tag{1-20}$$

---

6. この位置には原子核がいるように思うだろうが，ここでは単に基準位相が欲しいだけだから気にしないこと．実際のところこの原点が原子核の位置である必要はない（演習 3）．

7. 不確定性関係に関しては名古屋大学大学院の谷村省吾教授が公開された「多様化する不確定性関係」（名古屋大学学術機関リポジトリ，2016/3/2修正，2019/9/20公開）が詳しく，本稿もこのノートを参照させていただいている．URL http://hdl.handle.net/2237/00030696

一般に「確率」と呼ばれるのは，幅をもつ事象（1-20 式では空間 dr に居る／居ない）について，その幅だけ確率密度を積分したものに対応する．ρ は分布関数の微分係数で「確率密度」，$\rho(r)$ は位置 r の関数として「確率密度関数」と呼ばれる．

　　さて，位置の不確定性と電子の粒子性を同時に認めるということは，電子の位置を時間の関数として記述することができないだけで，ある瞬間 t での電子 e_2 の位置ベクトル r 自体は一つ決まる[8]ということである．位置が決まるのだから，その瞬間 t に e_2 が出す散乱 X 線の「位相ずれ成分」を求めることができる．この値は e_2 が別の場所にいるときとは厳密には異なる．つまりある瞬間の合成波の強度を測定できるなら，10 回測れば 10 の異なる値が得られるはずである．しかし，位置の不確定性を「電子は測定している間にも素早く移動する（しかも電子の位置を追跡することはできない）」と捉え直せば，実際に計測される散乱波の強度を求めるに際しては時間について積分してある確率密度を使わざるを得ない．これはまた，実際に観測された散乱 X 線強度を使うと電子の軌道（波動関数の形）が可視化できるということでもある[9]．

　　上記を少々冗長に説明してみる．時間を適当に区切って，その時間内に e_2 がそこそこ小さい空間（それぞれの辺の長さが $\Delta x, \Delta y, \Delta z$ である箱）の中にいる時間の割合を考える．例として，隣り合う二つの箱があって e_2 の位置がその二つの箱のどちらかにある（存在が確定する）場合を考えてみる．たとえ電子が箱の中に見つかる時間がどちらの箱についても等しかったとしても，電子が一方の箱にある時間が長くて（例えば10秒），測定時間が短ければ（例えば 1 秒），e_2 は測定中には箱を移らないかもしれない．しかし測定時間が長ければ（例えば100秒）このときに得られる合成波の強度は，計測時間中に e_2 がそれぞれの箱の中にある時間の割合を係数とした二つの値の加重平均になるだろう．現実には e_2 は極めて速く動き，測定時間をそれに見合うほどに短く取ることできない．測定時間が長くなってしまうと箱の中の e_2 の有無が時間について積分済みになってしまうから，それぞれの箱への e_2 の滞在時間の割合が数値として決まる．e_2 の飛び回っている領域を小さな箱で埋め尽くしても同様のことが言える．図 1-11b はこの積分結果を X 軸に沿って並べたものである．整理すると，ある瞬間 t での電子 e_2 の位置 r を特定する必要はなく，電子が箱の間を飛び移っているときの合成波の強度は加重平均値として得られて，その係数は $P_t(r)$ になる．これは確率論で定義される「期待値」あるいは「平均値」と同義である．

　　さて，微小空間をどんどん小さくしていくとどうなるか？　箱に体積があるときには加重平均の係数は存在確率 $P_t(r)$ であったが，$\Delta x, \Delta y, \Delta z \to 0$ の極限を取るなら係数は存在確率からその微分形で

---

8. おそらく「見つかる」という書き方が適切だろうが，ここでは「決まる」「ある」と表現する．

9. 軌道の姿を盛り込んだ結晶構造解析を実現するには極めて高い精度で，かつ $|K|$ が非常に大きな回折線の強度まで測定しなければならない．通常はそこまでせず，原子核の周りの電子密度分布は球対称的であると近似して解析を行う．

ある「確率密度」になり，足し合わせる代わりに空間についても積分することになる．つまり原点にある電子からの散乱 X 線の位相を基準としたとき，動き回る電子 e_j 1 個による寄与 G_{ej}（時間平均）は電子が不定位置 r_j にある場合の位相ずれ成分と確率密度との積を空間について積分したものとして与えられる．この電子による方向 k_1 への G_{ej} は次式で表される

$$G_{\mathrm{e}j}(\boldsymbol{K}) = \int_{r=-\infty}^{+\infty} \rho(r_j) \exp\left\{2\pi\, i\left(\boldsymbol{K}\bullet r_j\right)\right\} dr. \tag{1-21}$$

次に，共通の原子核の周りを動き回る n 個の電子 e_1, e_2, ..., e_n の同時分布関数 $F_{t, e1, e2, ..., en}(\boldsymbol{r}_1, \boldsymbol{r}_2, ..., \boldsymbol{r}_n)$ というものを考える．わかりやすくするために，ここで電子は共通する直線上を変位していて，r_j は単に原点からの距離であるとする．電子が 2 個しかない場合であれば一つ目の電子に X 軸を，二つ目の電子に Y 軸を割り当てて Z 軸に $F_{t, e1}(r_1)$ と $F_{t, e2}(r_2)$ を取る．こうするとこれら二つの同時分布関数 $F_{t, e1, 2}(r_{1, 2})$ は二方向に傾いた斜面で表現されて，それぞれの方向への微係数が $\rho_{t, e1}(r_1)$ と $\rho_{t, e2}(r_2)$ になる．これを例えば 10 個の電子について想像するには $10 + 1$ 次元空間が必要になるだろう（つまり，とても難しい）．

これらの電子の"動き"に相関がないとき，つまりある瞬間にそれぞれの電子がいる場所が互いに無関係なときには（これを「確率論的に独立」という），これはそれぞれの電子の分布関数の積

$$F_{t, e1, e2, e3, \cdots en}\left(r_1, r_2, r_3, \bullet\bullet\bullet r_n\right) = F_{t, e1}\left(r_1\right) \times F_{t, e2}\left(r_2\right) \times F_{t, e3}\left(r_3\right) \times \bullet\bullet\bullet \times F_{t, en}\left(r_n\right) \tag{1-22}$$

と書ける．ある瞬間に e_2 が位置 $r \leq y$ にいる確率は，その瞬間に e_1 がどこにいるかには関係のない数値なので，「ある瞬間に e_1 が位置 $r \leq x$ にいて，かつ同じ瞬間に e_2 が位置 $r \leq y$ にいる」確率は両者の積になるのは当然である．このとき個々の項 $F_{t, ej}(r_j)$ は同時分布関数 $F_{t, e1, e2, ..., en}(r_1, r_2, ..., r_n)$ の周辺分布関数と呼ばれる．これと同様のことが確率 $P_{t, e1, e2, ..., en}(r_1, r_2, ..., r_n)$ についてもいえる．周辺分布関数が確率論的に互いに独立なことから，1 番目の電子 e_1 が微小区間 dr_1 に，2 番目の電子 e_2 が微小区間 dr_2 に，以下同様に n 番目の電子 e_n が微小区間 dr_n に同時に位置している確率（多分，非常に小さな値になる）の定義は

$$\begin{aligned} P_{t, e1, e2, e3, \cdots en}\left(r_1, r_2, r_3, \bullet\bullet\bullet r_n\right) &= \rho_{t, e1, e2, e3, \cdots en}\left(r_1, r_2, r_3, \bullet\bullet\bullet r_n\right) dr_1 dr_2 dr_3 \bullet\bullet\bullet dr_n \\ &= \rho_{t, e1}\left(r_1\right) dr_1 \times \rho_{t, e2}\left(r_2\right) dr_2 \times \rho_{t, e3}\left(r_3\right) dr_3 \times \bullet\bullet\bullet \times \rho_{t, en}\left(r_n\right) dr_n \end{aligned}$$

$$\tag{1-23}$$

と書くことができる．$\rho_{t, ej}(r_j)$ は周辺分布関数 $F_{t, ej}(r_j)$ の確率密度関数である．以上は一次元空間（直線上）での変位についての説明だが，これは三次元空間へ（r_j から $\boldsymbol{r}_j$ へ，dr_j から $d\boldsymbol{r}_j$ へ）と移行しても全く同様に成り立つ．

これらの電子による k_1 方向への散乱 X 線の振幅の合成（原子を一つの荷電粒子と見立てたときにはこれを f_{atom} と書く）はそれぞれの電子についての $G_{ej}(\boldsymbol{K})$ の和として与えられる：

$$f_{\mathrm{atom}} = \sum_{j=1}^{n} \int_{r=-\infty}^{+\infty} \rho_{t,ej}\left(\boldsymbol{r}_j\right)\exp\left\{2\pi i\left(\boldsymbol{K}\cdot\boldsymbol{r}_j\right)\right\}d\boldsymbol{r}. \tag{1-24}$$

$\rho_{t,ej}\left(\boldsymbol{r}_j\right)$ が互いに独立なので，P を j 番目の電子以外のものについて積分してしまえば（それらについてはそれぞれの積分値が 1 になるので）j 番目の電子についての確率密度が残る，つまり

$$\rho_{t,ej}\left(\boldsymbol{r}_j\right) = \iiint \rho\left(\boldsymbol{r}_1,\boldsymbol{r}_2,\cdots,\boldsymbol{r}_{j-1},\boldsymbol{r}_j,\boldsymbol{r}_{j+1},\cdots\boldsymbol{r}_n\right)d\boldsymbol{r}_1\,d\boldsymbol{r}_2\cdots d\boldsymbol{r}_{j-1}\,d\boldsymbol{r}_{j+1}\cdots d\boldsymbol{r}_n \tag{1-25}$$

であって，原子核の周りの電子密度 $\rho_{\mathrm{atom}}(\boldsymbol{r})$ はこれら n 個の電子についての確率密度の足し合わせ

$$\begin{aligned}\rho_{\mathrm{atom}}\left(\boldsymbol{r}\right) &= \sum_j \iiint \rho\left(\boldsymbol{r}_1,\boldsymbol{r}_2,\cdots,\boldsymbol{r}_{j-1},\boldsymbol{r}_j,\boldsymbol{r}_{j+1},\cdots\boldsymbol{r}_n\right)d\boldsymbol{r}_1\,d\boldsymbol{r}_2\cdots d\boldsymbol{r}_{j-1}\,d\boldsymbol{r}_{j+1}\cdots d\boldsymbol{r}_n \\ &= \sum_j \rho\left(\boldsymbol{r}_j\right)\iiint \rho\left(\boldsymbol{r}_1,\boldsymbol{r}_2,\cdots,\boldsymbol{r}_{j-1},\boldsymbol{r}_{j+1},\cdots\boldsymbol{r}_n\right)d\boldsymbol{r}_1\,d\boldsymbol{r}_2\cdots d\boldsymbol{r}_{j-1}\,d\boldsymbol{r}_{j+1}\cdots d\boldsymbol{r}_n \\ &= \sum_j \rho\left(\boldsymbol{r}_j\right)\end{aligned} \tag{1-26}$$

である．このとき $\rho(\boldsymbol{r})\,d\boldsymbol{r}$ は適当な微小空間 $d\boldsymbol{r}$ に電子がある「確率密度」であり，表記する際には普通は e/Å³ を単位にする．こうしたときの密度とは「その濃度で 1Å³ の箱の中を塗りつぶすのに必要な電子数」だから，1 を超えても構わない[10]．

図 1-3 で示した通り，これらの電子による散乱 X 線の振幅 f_{atom} は極座標上での座標の総和で表される．これを，個々の電子についての和を取る代わりに電子密度とその積分を使って次式で表す

$$f_{\mathrm{atom}} = \int \rho(\boldsymbol{r})_{\mathrm{atom}}\exp\left\{2\pi i(\boldsymbol{K}\cdot\boldsymbol{r})\right\}d\boldsymbol{r}. \tag{1-27}$$

f_{atom} を原子散乱因子（atomic scattering factor）あるいは形状因子（form factor）と呼び，1-21 式に示した通りこれは $\boldsymbol{K}$ の関数である．1-27 式が「$f(\boldsymbol{K})_{\mathrm{atom}}$ は $\rho(\boldsymbol{r})_{\mathrm{atom}}$ のフーリエ変換形である」ことを表していることは後で説明する．

電子が動き回っていることを考える前（第 1.2.2. 項）は，ある方向に完全偏光した X 線を受けた荷電粒子が放出する散乱 X 線の振幅は，その偏光方向に垂直な方向については一定だった．ところが，原子は結果として「ぼやけた荷電粒子」であり，たとえ上に述べた状況であっても入射方向から逸れていくと検出される散乱 X 線強度がゆるやかに減少していく．これは共通する原子核に束縛された電子の間の距離が X 線の波長に比べてずっと小さいからである（演習 2B(iii) 参照）．通常の結晶構造解析では原子一つ分の電子密度分布（$\rho(\boldsymbol{r})_{\mathrm{atom}}$）は球対称的であると仮定するので，ある原子についての $f(\boldsymbol{K})_{\mathrm{atom}}$ は単に散乱ベクトル長の関数 $f(K)_{\mathrm{atom}}$ として次のように書き直される：

$$f(K)_{\mathrm{atom}} = \int 4\pi\,r^2\rho(\boldsymbol{r})_{\mathrm{atom}}\frac{\sin(\boldsymbol{K}\cdot\boldsymbol{r})}{\boldsymbol{K}\cdot\boldsymbol{r}}d\boldsymbol{r},\quad K=|\boldsymbol{K}|=\frac{4\pi}{\lambda}\sin\frac{\varphi}{2},\ r=|\boldsymbol{r}|. \tag{1-28}$$

---

10. 「密度」は分布の微分形，「量」は分布の積分形．

球対称分布なので虚数項は打ち消し合う．ここでの φ がいわゆる X 線の回折角 2θ であることに注意すること（図 1-6 〜 1-10 を参照）．この減少の程度は電子の分布に直接係るもので，$f(K)_{\text{atom}}$ を求めるには波動関数を使ってまず $\rho(r)_{\text{atom}}$ を求めねばならない．幸いなことにほとんどの原子と主要なイオン種について計算された値が報告されているので，必要なときにはその値を借りることにする．

　X線結晶学の分野で $\sin\theta / \lambda$ が単位の一つとして広く使われるのは，f_{atom} が直接に $\sin\theta / \lambda$ の関数になっているからである．f_{atom} のもう一つの特徴として，ρ_{atom} の幅が広がると f_{atom} の分布幅が狭まることが挙げられる（分布のフーリエ変換の際の一般的な特徴：後述）．

1.3.2. 構造因子

　1-27 式を導くに際しては原子核の位置を原点に置いて考えた．しかし，実際のところ，「位相差」を考えるときには原点はどこにあってもよいし，距離がどれくらい離れていてもよい．なので，原点は原子核の位置でなくてもよいし，なにしろ 1-27 式そのものは一般論なのでこれを複数個の原子の集合（あからさまに球対称的でない電子雲）に適用しても，あるいはいっそ試料全体について拡大して適用しても構わないはずである：

$$f_{\text{sample}} = \int_{\text{sample}} \rho(r)\exp\{2\pi i(\boldsymbol{K}\cdot\boldsymbol{r})\}d\boldsymbol{r}. \qquad (1\text{-}29)$$

　後者の一般論を結晶に適用したものを特に結晶構造因子あるいは単に「構造因子」(structure factor) と呼ぶことにして，次章で詳しく説明する．ところで，原子散乱因子や構造因子を荷電粒子一つのときのように散乱能と呼ばず因子と呼ぶのは本来的にこれが複素数だからで，「構造振幅」(structure amplitude) と言えばその絶対値を指すことになる．吸収端近くでの共鳴現象を気にしなければ f_{atom} は単純な正の実数なので，これを「原子の散乱能」(scattering power of atom) と呼んでもよいだろう．

演習３

　1-27 式は原子核を座標原点に置いているが，では原子核の位置が原点からずれていたらどうなるのか？　1-27 式を参照して，このときの $f_{atom, new}$ を $f_{atom, old}$ と原子核の位置ベクトルで表せ[11].

　　　　原子の背番号：j

　　　　原子核の位置ベクトル：r_j

　　　　電子の古い位置ベクトル：r_{old}

　　　　電子の新しい位置ベクトル：r_{new}

　　　　古い電子密度分布：$\rho_{old}(r)$

　　　　新しい電子密度分布：$\rho_{new}(r)$

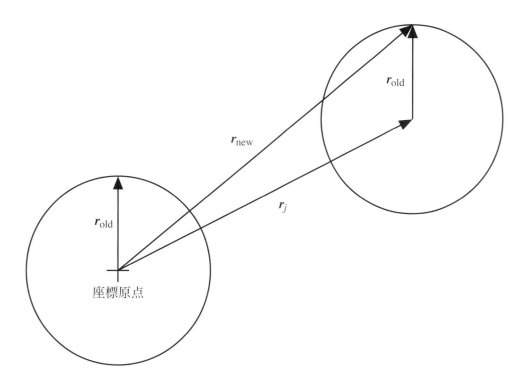

図 1-12.

---

11. 1-27 式はベクトルを使った積分だが，積分に使うベクトルが異なれば同じ分布についての積分の結果も異なる．どのベクトルを使った積分なのか明記しながら導出すること．

演習３解説

荷電粒子群（原子）の移動と，それによる位相ずれ成分の表現

　　新しい電子密度と新しい位相差割合との積を新しいベクトルで積分すれば $f_{\text{atom, new}}$ が得られる（一行目）．位置ベクトル r_{new} を $r_j + r_{\text{old}}$ と書き直し，r_j に起因する位相差割合を分離する（二～四行目）．積分に用いるベクトル r_{new} もまた $r_j + r_{\text{old}}$ に分解する（五行目）．新しい電子密度について r_j の先端で r_{old} だけを振り回す積分は，古い電子密度について原点の周りで r_{old} を振り回す積分と同じ結果を与えるはずである：

$$
\begin{aligned}
f_{\text{atom, new}} &= \int \rho_{\text{new}}\left(r_{\text{new}}\right)\exp\left\{2\pi i\left(\boldsymbol{K}\bullet r_{\text{new}}\right)\right\}dr_{\text{new}} \\[6pt]
&= \int \rho_{\text{new}}\left(r_j + r_{\text{old}}\right)\exp\left[2\pi i\left\{\boldsymbol{K}\bullet\left(r_j + r_{\text{old}}\right)\right\}\right]dr_{\text{new}} \\[6pt]
&= \int \rho_{\text{new}}\left(r_j + r_{\text{old}}\right)\exp\left\{2\pi i\left(\boldsymbol{K}\bullet r_j\right)\right\}\exp\left\{2\pi i\left(\boldsymbol{K}\bullet r_{\text{old}}\right)\right\}dr_{\text{new}} \\[6pt]
&= \exp\left\{2\pi i\left(\boldsymbol{K}\bullet r_j\right)\right\}\int \rho_{\text{new}}\left(r_j + r_{\text{old}}\right)\exp\left\{2\pi i\left(\boldsymbol{K}\bullet r_{\text{old}}\right)\right\}dr_{\text{new}} \qquad (1\text{-}301) \\[6pt]
&= \exp\left\{2\pi i\left(\boldsymbol{K}\bullet r_j\right)\right\}\int \rho_{\text{new}}\left(r_j + r_{\text{old}}\right)\exp\left\{2\pi i\left(\boldsymbol{K}\bullet r_{\text{old}}\right)\right\}d\left(r_j + r_{\text{old}}\right) \\[6pt]
&= \exp\left\{2\pi i\left(\boldsymbol{K}\bullet r_j\right)\right\}\int \rho_{\text{old}}\left(r_{\text{old}}\right)\exp\left\{2\pi i\left(\boldsymbol{K}\bullet r_{\text{old}}\right)\right\}dr_{\text{old}} \\[6pt]
&= f_{\text{atom, old}}\times\exp\left\{2\pi i\left(\boldsymbol{K}\bullet r_j\right)\right\}.
\end{aligned}
$$

数学的には基準位相がずれただけで，複素平面上では位相角が変わるものの円の半径は同じ，そして位相角の変化量は $\exp\{2\pi i(\boldsymbol{K}\bullet r_j)\}$ である．

　　要するに，原子という「ぼやけた荷電粒子」が原点以外にあったとき，その位置に関する考察あるいは取り扱いは「ぼやけていない荷電粒子」についてと同様である．ただしこの原子の散乱能は $\boldsymbol{K}$ の長さの関数として変わる，具体的には $\boldsymbol{K}$ が伸びるにつれてゆるやかに目減りする（1-28 式および演習２追加の考察の４）．単位胞中にある全部の原子について 1-19 式と同様の足し合わせをすれば，単位胞全体による G_{mix}（散乱 X 線の振幅 $|G_{\text{mix}}|$ と位相差）が，これはもちろん $\boldsymbol{K}$ の関数として得られるはずである．

2. 周期配列した散乱子による X 線の散乱

2.1. ラウエ関数

2.1.1. 予察

ある程度結晶学の勉強をした後では，結晶構造と鏡面，回転軸，回反軸，映進面など色々な対称要素とは不可分であるような気がしてくる．しかしながら旧来の結晶の定義「原子配列に並進対称性のある固体」であれば隣り合う単位胞の中にある原子の種類と位置が一致していればよく，「単位胞の中にある原子の配列に対称要素が見つかるかどうか」は考慮されていない，つまり対称中心すらもたない三斜晶系の結晶があったとき，その単位胞一つ分の中身と非晶質固体との間には寸法以外の区別がない．

そこでこの章では「並進対称性を持って整然と並んでいる原子」群から放出されるそれぞれの X 線の「干渉現象」について考察する．演習 2B では四つの荷電粒子が直線上（一次元）に並んでいる場合について検証したが，これを無限の粒子数に拡張し，さらに一次元から三次元に拡張してみよう．「規則性をもたずに配列した荷電粒子の群れ」が向きをそろえて整然と**繰り返されているとき**とバラバラに空間を埋めているとき，さらにはこの荷電粒子の群れが繰り返しの内側で規則性をもったとき，どこまでが同じでどこからが違うのか，考えてみる．最終的には繰り返しの内側にある「配列した荷電粒子の群れ」を一粒の「方向毎に異なる X 線を放出する，仮想的な」荷電粒子として扱ってもよいことが示されるだろうし，結晶をそういう異方性をもつ荷電粒子の周期配列と扱ってよいことがわかるだろう．

「結晶構造」と「格子タイプ」との関連については後に改めて触れる．なお，本書では現在の結晶の定義とその変更理由である「準結晶（quasicrystal）」については触れない．

2.1.2. 基本並進ベクトル，単位胞，格子定数，分率座標，結晶格子

旧来の結晶の定義から出発する．結晶内の任意の位置に原点を取り，ここを始点として原子配列の並進周期を探し，それらに対応する三本の**基本並進ベクトル** a_1, a_2, a_3 を生やす．これらで作られる箱（平行六面体）を**単位胞**（unit cell）と呼ぶ．これらの選び方には色々流儀があるが**今は気にしないことにする**．単位胞一つに詰まっている原子の配列には "crystallographic pattern" という呼び名があるのだが良い訳語がない．なので本書ではこれをとりあえず**基本構造**と呼ぶことにする．

上で任意の位置に決めた座標原点に等価な点は結晶内に無数にあって，a_1, a_2, a_3 を使えばそれら等価点の位置ベクトルは三つのベクトルの一次結合 $N_1a_1 + N_2a_2 + N_3a_3$（N_1, N_2, N_3 は整数，もちろん 0 を含む）で表される．無数にあるこれらの点がどこも座標原点と等価なのだから，そこからも a_1, a_2, a_3 を生やすことができる．こうして三本のベクトルに基づいて格子が作られる（**結晶格子**：crystal lattice）．格子を作る三組の棒が交わるところ，つまり原点の等価点を**格子点**と呼び，基本並進ベクトルを**実格子ベクトル**とも呼ぶ[12]．さて，結晶学では基本並進ベクトル a_1, a_2, a_3 を **a, b, c** と表記する[13]．これらのベクトルの長さ a, b, c と互いの間の角度 α, β, γ がいわゆる**格子定数**（「格子」だが "cell" dimension）である．また，これらのベクトルと同じ方向に三つの座標軸 X_1, X_2, X_3（または X, Y, Z）を取る．単位胞内での原子の位置を表すのには x_1, x_2, x_3 あるいは x, y, z を使い，数値としては各軸の座標値（Å）をそれぞれのベクトル長（Å）で割った**分率座標**（fractional coordinate）を使う．以上から，結晶内の原子位置について以下が保証される：

分率座標 $(x_1, x_2, x_3) = (0.3, 0.5, 0.7)$ の点と等価な点は結晶内に無数にあり，そ

れらは $(N_1 + 0.3)\, a_1 + (N_2 + 0.5)\, a_2 + (N_3 + 0.7)\, a_3$（$N_1, N_2, N_3$ は整数）として一括

で書ける．そしてそれらの座標値を $(0.3, 0.5, 0.7)$ で代表させてよい[14]．

単位胞と書かずに単位格子と表記しても一つの箱が思い浮かぶので私たちには違和感はないが，後者に対応する英語表記はないし，格子は元々無限の広がりをもつものを指すので，単位格子という言葉は使わずに単位胞と結晶格子を使おう．

　なお，物理学と数学でもっぱら添字付きの記号 a_1, a_2, a_3 を使うのは，整然とした表記にはこちらのほうが向いているからである．ベクトルの一次結合の表記に Σ を使ってしまえば座標原点と等価な点の位置ベクトルは $\sum_{j=1}^{3} N_j a_j$（N_j は整数）と書けるし，アインシュタイン流に「μ が同じであれば和を取る」約束をすれば単に $N^\mu a_\mu$ と書けてしまう．この記法はテンソル代数（例えばベクトルの内積を取るときなど）で重宝するだろう．

2.1.3. 単位胞内の原子配列（基本構造）とその繰り返し（結晶格子）との分割

　結晶によるX線の散乱を単位胞による散乱とその繰り返しに由来する干渉現象とに分割してみる．単位胞内に荷電粒子が一つだけあるのならば想像するのは簡単で，それを原点かあるいは単位胞

---

12. これら三本のベクトルはつまり一般に三次元の基底ベクトル（basis vector）あるいは単に基底（basis）と呼ばれるものである．*International Tables for Crystallography* では特に固有名詞を付けず，単に実格子の基底ベクトル（basis vectors of the direct lattice）と表記している．

13. *International Tables for Crystallography* を始めとして結晶学の用語として使うベクトルは斜体にしないことが多い．ただし，本書では説明の一貫性のために散乱ベクトルとしては **K** を，原子 j の位置ベクトルとしては r_j を引き続き使う．

14. 一般には N_1, N_2, N_3 を実数として空間全体を規定するのが普通で，これは単に座標系を一つ決めているだけである．本項では N_1, N_2, N_3 を整数値に限ることで格子（**点集合**）を規定し，格子点（整数部）と分率座標（非整数部）とを切り離している．基底ベクトルの取り方の規則については第 2.2.3.3. 項と第 3.2.3.4. 項を参照．

の中央にでも置けばよい．単位胞内にあるのが原子であっても，それが一つだけならば粒子の散乱能としてf_{atom}（1-28 式）を使えばよい．現実には単位胞内に原子が複数ある場合がほとんどであって，それらによる散乱 X 線が互いにどのように重なり合うのかはまだわからない．しかしながら，X 線を入射させたときに「単位胞一つ分の原子群による散乱 X 線の重ね合わせ」がもつ「"振幅" および "基準位相との位相差" の方向依存性」は，隣の単位胞についても違いがない．そしてそれら二つの単位胞による散乱波の位相は単位胞の寸法に対応してずれている[15]．なので，結晶全体による散乱 X 線の干渉を考えるときには，単位胞のどこか（普通は分率座標の原点＝格子点）に「得体の知れない荷電粒子」を一つ置いて，それらが放出する「単位胞内の原子についての重ね合わせが済んでいる波」の重ね合わせを考えればよい．本節ではこれを数式を使って示す．

　結晶全体により放射される X 線について，その振幅と位相差割合を表す複素数 G_{mix} $(= f_{\text{crystal}})$ がどのようなものになるかは 1-29 式に示した．結晶について G_{mix} の $\boldsymbol{K}$ への依存性を表すには慣例に従って $F(\boldsymbol{K})$ を使い，1-29 式を

$$F(\boldsymbol{K})_{\text{crystal}} = \int_{\text{crystal}} \rho(\boldsymbol{r})_{\text{crystal}} \exp\left\{2\pi i\left(\boldsymbol{K} \cdot \boldsymbol{r}_{\text{crystal}}\right)\right\} d\boldsymbol{r}_{\text{crystal}} \tag{2-1}$$

と書き換えておこう．ここで $\rho(\boldsymbol{r})$ に関する結晶ならではの性質，つまり $\rho(\boldsymbol{r})$ に繰り返しがある点に注目してみる．前節で述べたように，結晶中に座標原点を 1 カ所決めたとき，その結晶内での位置を表すベクトル $\boldsymbol{r}_{\text{crystal}}$ は単位胞内に収まる位置ベクトルと基本並進ベクトルの組み合わせで表現できる：

$$\boldsymbol{r}_{\text{crystal}} \equiv \boldsymbol{r}_{\text{cell}} + \text{N}_1\boldsymbol{a}_1 + \text{N}_2\boldsymbol{a}_2 + \text{N}_3\boldsymbol{a}_3. \tag{2-2}$$

各単位胞内の電子密度分布は同じだから，$\text{N}_1, \text{N}_2, \text{N}_3$ がどれも整数であるならば，およびその限りにおいて，それら無数にあるベクトルの先端での電子密度（そしてその周辺の微小体積が放出する X 線の振幅）は $\text{N}_1, \text{N}_2, \text{N}_3$ の値によらず全く同じである（図 2-1）．つまり

$$\rho(\boldsymbol{r})_{\text{crystal}} \equiv \rho\left(\boldsymbol{r}_{\text{cell}} + \text{N}_1\boldsymbol{a}_1 + \text{N}_2\boldsymbol{a}_2 + \text{N}_3\boldsymbol{a}_3\right) \tag{2-3}$$

であって，演習 3 と同様に 2-1 式を切り分けると

$$F(\boldsymbol{K})_{\text{crystal}} = \int_{\text{cell}} \rho(\boldsymbol{r})_{\text{cell}} \exp\left\{2\pi i\left(\boldsymbol{K} \cdot \boldsymbol{r}_{\text{cell}}\right)\right\} d\boldsymbol{r}_{\text{cell}} \times \sum_{\text{N}_1, \text{N}_2, \text{N}_3} \exp\left[2\pi i\left\{\boldsymbol{K} \cdot \left(\text{N}_1\boldsymbol{a}_1 + \text{N}_2\boldsymbol{a}_2 + \text{N}_3\boldsymbol{a}_3\right)\right\}\right]$$

$$\tag{2-4}$$

---

15. 演習 2B で考察した四つの荷電粒子が平行に二組並んでいるとする．一組が放出する X 線は $2\theta = 41°$ で強く位相は基準位相と同じであった．もう一組が放出する X 線も同様であろうが，ただし配列の中央は先ほどとは別の位置なのだから，これら二組について基準位相は異なる．二つの基準位相の「ずれ」がそれぞれの組による散乱 X 線にもち越されて，両者は（改めて，再度）干渉する．

と表記することができる．2-4式の右辺左側が上述の「得体の知れない荷電粒子」に相当するもので，これを得るのに必要な作業は1-27式での作業と同じである．これを f_{cell} と書いておこう．右辺右項は同じ電子密度分布が周期 a_1, a_2, a_3 で繰り返されているときの散乱X線の干渉を表す項となる．

　ここまでの結果は原子の座標原点が結晶中のどこに取られていても成り立つ．演習2B(i)では座標原点を四つの粒子の中点（つまり対称中心）に置くことで虚数項を消すことができたが，もし座標原点をどこかの原子位置に置いてしまうと虚数項が残る．とはいえ人間が原点をずらすたびに散乱波の重ね合わせの「強度」が変わるはずもないので，f_{cell} を求める際に原点をどこに置いても $|f_{\mathrm{cell}}|$ の分布に関しては同じ結果が得られるはずである．この仮想的な荷電粒子の得体の知れなさについては第3章で詳しく検討する．

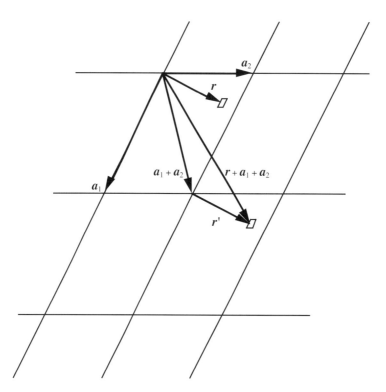

図2-1．結晶内の位置はどこでも実格子ベクトル a_1, a_2, a_3（あるいは a, b, c）の一次結合と単位胞内に収まる位置ベクトル r の和で表現される．また，r が共通であるような位置での電子密度は同じなのだから，入射方向と散乱方向が同一であるならばその方向への散乱波の振幅は同じである（もちろん位相は異なる）．したがって，例えば図中の二つの微小領域によって散乱される散乱波の位相差について考えるときには，実格子ベクトルの一次結合（上図では $a_1 + a_2$）分に対応する位相差を考えればよい．

整理しよう．結晶の構造は基本構造とその繰り返しとで成り立っている．この基本構造による散乱波の重ね合わせの振幅と位相差割合を表す複素数 G_{mix} あるいは f_{cell} は $\boldsymbol{K}$ の関数として求めることができて，基準位相を単位胞の分率座標原点に求めることで G_{mix} をそこに置いた仮想的な粒子 1 個に押し付けてしまうこともできる．箱一つ分の内容を代表するものが箱の隅にあるのは少々気持ちが悪いが，これは計算の都合と思ってもらえればよい（第 2.2.3.2. および 3.1.2. 項）．この仮想的な点粒子が複数の粒子を代表しているならば，G_{mix} はもはや等方的ではなく基本構造（＝単位胞内の原子配列）を反映した異方的なものになるだろう．この点粒子は三次元に整然と周期配列していて，これらを格子点と見なして格子を想像したものは結晶格子に等しい．結晶全体から放出される X 線の振幅と位相は等間隔かつ無限に並んだ格子点による散乱波の干渉の結果と f_{cell}（異方的：図 1-9a で示したようなもの）との積になる．それぞれの格子点が放出する X 線を重ねる際には実格子ベクトルの一次結合を位置ベクトルと見なして扱えばよい．ただしそれら位置ベクトルは無数にある．次項でこれを簡略化する．

2.1.4. ラウエ関数

ベクトルの和の内積に分配則が使えることを思い出せば，2-4 式の右辺右側（同じものが周期配列していることのみが考慮された干渉）は各基本並進ベクトル毎の三つの項に分解することができる（項を一つ取り出して N = 0〜3 とすればこれは演習 2B と同じ）：

$$F(\boldsymbol{K})_{\mathrm{crystal}} = \int_{\mathrm{cell}} \rho(\boldsymbol{r})_{\mathrm{cell}} \exp\left\{2\pi i\left(\boldsymbol{K}\bullet\boldsymbol{r}_{\mathrm{cell}}\right)\right\} d\boldsymbol{r}_{\mathrm{cell}}$$
$$\times \sum_{\mathrm{N_1}} \exp\left\{2\pi i\left(\boldsymbol{K}\bullet\mathrm{N}_1\boldsymbol{a}_1\right)\right\} \times \sum_{\mathrm{N_2}} \exp\left\{2\pi i\left(\boldsymbol{K}\bullet\mathrm{N}_2\boldsymbol{a}_2\right)\right\} \times \sum_{\mathrm{N_3}} \exp\left\{2\pi i\left(\boldsymbol{K}\bullet\mathrm{N}_3\boldsymbol{a}_3\right)\right\}.$$

$$(2\text{-}5)$$

さて，2-5 式の各要素を子細に検討してみよう．X_1, X_2, X_3 軸方向に並んだ単位胞の数を $\mathrm{M}_1, \mathrm{M}_2, \mathrm{M}_3$ として，$\boldsymbol{k}_1$ 方向への散乱 X 線の振幅を $\boldsymbol{a}_1, \boldsymbol{a}_2, \boldsymbol{a}_3$ 方向についてそれぞれ

$$L_j\left(\mathrm{M}_j\right) = \sum_{\mathrm{N}j=0}^{\mathrm{M}j-1} \exp\left\{2\pi i\left(\boldsymbol{K}\bullet\mathrm{N}_j\boldsymbol{a}_j\right)\right\} \qquad (j=1,2,3) \qquad (2\text{-}6)$$

と書く（足し合わせの範囲に注意）．こうすると 2-5 式は（1-19, 1-301 式も参照）

$$F(\boldsymbol{K})_{\mathrm{crystal}} = \int_{\mathrm{cell}} \rho(\boldsymbol{r})_{\mathrm{cell}} \exp\left\{2\pi i\left(\boldsymbol{K}\bullet\boldsymbol{r}_{\mathrm{cell}}\right)\right\} d\boldsymbol{r}_{\mathrm{cell}} \times L_1\left(\mathrm{M}_1\right) \times L_2\left(\mathrm{M}_2\right) \times L_3\left(\mathrm{M}_3\right)$$
$$= f_{\mathrm{cell}}(\boldsymbol{K}) \times L_1\left(\mathrm{M}_1\right) \times L_2\left(\mathrm{M}_2\right) \times L_3\left(\mathrm{M}_3\right)$$
$$= \sum_{i=1}^{l}\left[f_{\mathrm{atom},i} \times \exp\left\{2\pi i\left(\boldsymbol{K}\bullet\boldsymbol{r}_i\right)\right\}\right] \times L_1\left(\mathrm{M}_1\right) \times L_2\left(\mathrm{M}_2\right) \times L_3\left(\mathrm{M}_3\right)$$

$$(2\text{-}7)$$

と書き換えられる．ここで I は単位胞中の原子数，r_i は i 番目の原子の位置ベクトルである．単位胞についての積分から原子についての和への変換については演習 3 を参照のこと．$\left|L_j\left(M_j\right)\right|^2$ を「ラウエ関数」（Laue function）と呼ぶ．結晶全体による散乱波の重ね合わせが観測されるか否か（回折線が出るか出ないか）はまずラウエ関数の制約に縛られてしまう．どのような制約なのかは演習 4D で示されるだろう．そしてその制約は三方向（X_1, X_2, X_3 あるいは X, Y, Z 軸方向）に掛かっている．

演習 4

A. 2-6 式を展開して Σ を使わない形で表せ．

> 項数 M の等比数列の和の公式を使う．

B. $\left|L_j\left(M_j\right)\right|^2$ を求めて三角関数で表し，それから $L_j\left(M_j\right)$ と $L_j\left(M_j\right)^*$ を導け．

> $L_j\left(M_j\right)$ の内容が指数関数を含んでいる点に注意すること．

C. M 個の原子からなる線格子（一次元結晶）を考える．基本並進ベクトルを a_1，原子の散乱因子（形状因子）を $f(K)$ とする．これにより回折される X 線の振幅とその二乗を示せ．

> 結晶による散乱 X 線の振幅は 2-7 式で充分に表記されている．X 線が入射する方向に関する情報は K に，原子配列の方向に関する情報は r_i に含まれている．

D. $M_1 = 3$ のときと $M_1 = 10$ のときに，$(K \cdot a_1) = 0.0 \sim 1.0$ の範囲について 0.05 おきに $\left|L_1\left(M_1\right)^2\right|$ を計算し図示せよ．

> $K \cdot a_1$ を横軸に取り図示すればよい．

演習 4 解説

A. 2-6 式の展開

　2-6 式の内容をよく見れば，これは初項 $\exp 2\pi i(\boldsymbol{K}\cdot 0)=1$，公比 $\exp 2\pi i(\boldsymbol{K}\cdot \boldsymbol{a}_j)$，項数 M の等比級数の和である．和の公式より

$$L_j\left(\mathrm{M}_j\right)=\frac{1-\exp 2\pi\, i\left(\boldsymbol{K}\cdot \mathrm{M}_j\,\boldsymbol{a}_j\right)}{1-\exp 2\pi\, i\left(\boldsymbol{K}\cdot \boldsymbol{a}_j\right)}=\frac{1-\exp 2\pi\, i\,\mathrm{M}_j\left(\boldsymbol{K}\cdot \boldsymbol{a}_j\right)}{1-\exp 2\pi\, i\left(\boldsymbol{K}\cdot \boldsymbol{a}_j\right)}. \tag{2-401}$$

B. $\left|L_j\left(\mathrm{M}_j\right)\right|^2$ の導出

　$\left|L_j\left(\mathrm{M}_j\right)\right|^2=L_j\left(\mathrm{M}_j\right)\times L_j\left(\mathrm{M}_j\right)*$ だから

$$
\begin{aligned}
L_j\left(\mathrm{M}_j\right)\times L_j\left(\mathrm{M}_j\right)* &= \frac{1-\exp 2\pi\, i\,\mathrm{M}_j\left(\boldsymbol{K}\cdot \boldsymbol{a}_j\right)}{1-\exp 2\pi\, i\left(\boldsymbol{K}\cdot \boldsymbol{a}_j\right)}\times\frac{1-\exp\left\{-2\pi\, i\,\mathrm{M}_j\left(\boldsymbol{K}\cdot \boldsymbol{a}_j\right)\right\}}{1-\exp\left\{-2\pi\, i\,\mathrm{M}_j\left(\boldsymbol{K}\cdot \boldsymbol{a}_j\right)\right\}} \\[2mm]
&= \frac{1-\exp 2\pi\, i\,\mathrm{M}_j\left(\boldsymbol{K}\cdot \boldsymbol{a}_j\right)-\exp\left\{-2\pi\, i\,\mathrm{M}_j\left(\boldsymbol{K}\cdot \boldsymbol{a}_j\right)\right\}+1}{1-\exp 2\pi\, i\left(\boldsymbol{K}\cdot \boldsymbol{a}_j\right)-\exp\left\{-2\pi\, i\left(\boldsymbol{K}\cdot \boldsymbol{a}_j\right)\right\}+1} \\[2mm]
&= \frac{1-\cos 2\pi\,\mathrm{M}_j\left(\boldsymbol{K}\cdot \boldsymbol{a}_j\right)}{1-\cos 2\pi\left(\boldsymbol{K}\cdot \boldsymbol{a}_j\right)} \\[2mm]
&= \frac{\sin^2 \pi\,\mathrm{M}_j\left(\boldsymbol{K}\cdot \boldsymbol{a}_j\right)}{\sin^2 \pi\left(\boldsymbol{K}\cdot \boldsymbol{a}_j\right)}, \qquad \begin{pmatrix}\because \cos 2\theta=\cos^2\theta-\sin^2\theta \\ =1-2\sin^2\theta\end{pmatrix}
\end{aligned}
\tag{2-402}
$$

故に

$$\left|L_j\left(\mathrm{M}_j\right)\right|=\frac{\sin \pi\,\mathrm{M}_j\left(\boldsymbol{K}\cdot \boldsymbol{a}_j\right)}{\sin \pi\left(\boldsymbol{K}\cdot \boldsymbol{a}_j\right)}$$

$$L_j\left(\mathrm{M}_j\right)=\frac{\sin \pi\,\mathrm{M}_j\left(\boldsymbol{K}\cdot \boldsymbol{a}_j\right)}{\sin \pi\left(\boldsymbol{K}\cdot \boldsymbol{a}_j\right)}$$

$$L_j\left(\mathrm{M}_j\right)*=\frac{\sin\left\{-\pi\,\mathrm{M}_j\left(\boldsymbol{K}\cdot \boldsymbol{a}_j\right)\right\}}{\sin\left\{-\pi\left(\boldsymbol{K}\cdot \boldsymbol{a}_j\right)\right\}}=\frac{-\sin \pi\,\mathrm{M}_j\left(\boldsymbol{K}\cdot \boldsymbol{a}_j\right)}{-\sin \pi\left(\boldsymbol{K}\cdot \boldsymbol{a}_j\right)}=\frac{\sin \pi\,\mathrm{M}_j\left(\boldsymbol{K}\cdot \boldsymbol{a}_j\right)}{\sin \pi\left(\boldsymbol{K}\cdot \boldsymbol{a}_j\right)}. \tag{2-403}$$

C. M 個の原子からなる線格子（一次元結晶）による回折

　試料中の荷電粒子による散乱波を試料全体について重ね合わせた後の振幅は 1-29 式で表され，その試料が結晶であれば 2-4 式のように書き換えられる．この演習題では原子は一方向にしか並んでいない（一方向にしか周期性がない）ので 2-4 式での $\mathrm{N}_2\boldsymbol{a}_2$, $\mathrm{N}_3\boldsymbol{a}_3$ の項は無視してしまえる．すると 2-4 式は簡略化されて

$$F(\boldsymbol{K})_{\text{crystal}} = \int\limits_{\text{cell}} \rho(\boldsymbol{r})_{\text{cell}} \exp\left\{2\pi i\left(\boldsymbol{K}\cdot\boldsymbol{r}_{\text{cell}}\right)\right\} d\boldsymbol{r}_{\text{cell}} \times \sum_{N=0}^{M_1-1} \exp\left\{2\pi i\left(\boldsymbol{K}\cdot N\,\boldsymbol{a}_1\right)\right\} \qquad (2\text{-}404)$$

となり，右辺の左項は単位胞内にある電子（の確率密度）による散乱波を表す項である．この項について，I 個の荷電粒子が単位胞内の座標 $\boldsymbol{r}_{i,x}$ に静止しているならば単純に足し合わせて

$$f(\boldsymbol{K})_{\text{cell}} = \sum_{i=1}^{I} \exp 2\pi i\left(\boldsymbol{K}\cdot\boldsymbol{r}_{i,x}\right) \qquad (2\text{-}405)$$

であり（1-19式，演習 2A），電子でなく原子であれば振幅として隠れていた "1" の代わりに $f(K)_{\text{atom}}$ が入り

$$f(\boldsymbol{K})_{\text{cell}} = \sum_{i=1}^{I} f(K)_{\text{atom},i} \exp 2\pi i\left(\boldsymbol{K}\cdot\boldsymbol{r}_{i,x}\right) \qquad (2\text{-}406)$$

と書ける（演習 3）．故に 2-404 式は

$$F(\boldsymbol{K})_{\text{crystal}} = \sum_{i=1}^{I} f(K)_{\text{atom},i} \exp 2\pi i\left(\boldsymbol{K}\cdot\boldsymbol{r}_{i,x}\right) \times \sum_{N=0}^{M_1-1} \exp\left\{2\pi i\left(\boldsymbol{K}\cdot N\,\boldsymbol{a}_1\right)\right\} \qquad (2\text{-}407)$$

と書ける．ここまでは繰り返し周期の中での原子の数と位置は任意であるが，$I=1, |\boldsymbol{r}_{i,x}|=0$ とすれば

$$F(\boldsymbol{K})_{\text{crystal}} = f(K) \times \sum_{N=0}^{M_1-1} \exp\left\{2\pi i\left(\boldsymbol{K}\cdot N\,\boldsymbol{a}_1\right)\right\}$$

$$= f(K) \times L_1 M_1$$

$$= f(K) \times \frac{\sin\pi\,M_1\left(K\cdot\boldsymbol{a}_1\right)}{\sin\pi\left(K\cdot\boldsymbol{a}_1\right)} \qquad (2\text{-}408)$$

$$F(\boldsymbol{K})_{\text{crystal}}{}^2 = f(K)^2 \times \left(\frac{\sin\pi\,M_1\left(K\cdot\boldsymbol{a}_1\right)}{\sin\pi\left(K\cdot\boldsymbol{a}_1\right)}\right)^2$$

となる．

D.ラウエ関数の図示

　$\boldsymbol{K}\cdot\boldsymbol{a}_1$ を横軸に取る．2-408式のうちラウエ関数に当たる部分（$M_1=3$：図 2-2c）について描くための gnuplot のスクリプトは以下の通りで，$M_1=3, M_1=10$ について図 2-2 に示す．

```
set samples 1000
set zeroaxis linetype -1 linewidth 1
set noborder
set xrange [-1.1:1.1]
set yrange [0:10]
set xtics axis
set xtics (-1,-0.5,0.5,1)
set ytics axis
set ytics (2,4,6,8,10)
set key
plot (sin(3*pi*x)/sin(pi*x))**2
```

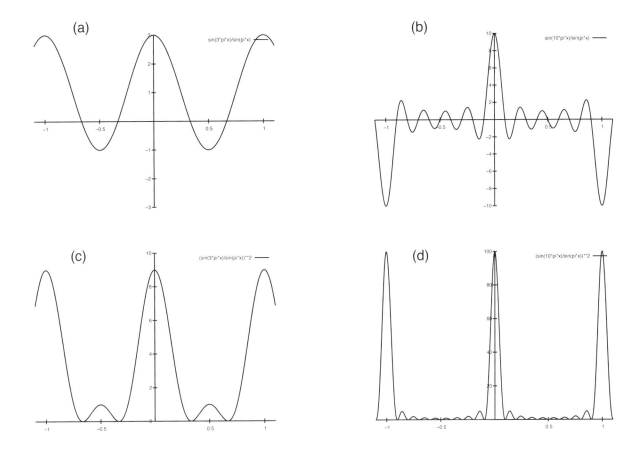

図 2-2．L(M) とその二乗．(a) M = 3 のとき；(b) M = 10 のとき；
(c) は (a) の二乗；(d) は (b) の二乗．$\lim_{M \to \infty} |L(M)|^2$ は $\boldsymbol{K} \cdot \boldsymbol{a}$ が
整数であるときにのみ値をもち，その値は M^2 になる．

　　M_1 に 2 を代入すると $\boldsymbol{K} \cdot \boldsymbol{a}_1 = n + 1/2$（横軸：$n$ は整数）の位置で値はゼロになる（波は完全に打ち
消し合う）．M_1 に 100 等の大きな数値を代入するとわかる通り（やってみること），ラウエ関数の
形は M_1 が大きくなるにつれ $\boldsymbol{K} \cdot \boldsymbol{a}_1 = n$（$n$ は整数）でデルタ関数的になる．ここでの整数 M は結晶
粒の中で整然と並んだ単位胞の数で，粉末試料でも無機物なら M = 100 程度は期待できるだろう．つ
まり $\boldsymbol{K} \cdot \boldsymbol{a}_1$ が整数になるときだけ X 線の回折が観測される．これを三次元に拡張すれば，X 線の回折
が観測されたときには $\boldsymbol{K}$ と三本の基本並進ベクトルの内積がどれも整数になっている（2-7 式）．基
本並進ベクトルが間違っていた場合に関しては第 5.2.2. 項で考察する．

2.2. 逆格子と逆格子ベクトル

2.2.1. 逆格子ベクトル

ラウエ関数に関する考察で，荷電粒子が周期的に配列している場合には $K \cdot a_j$ が $j = 1, 2, 3$ のどれについても整数になっていないと散乱 X 線の重ね合わせが振幅をもたないことと，かつそれは「単位胞内の電子密度分布はどうでもよくて，ただそれが結晶内で周期的に繰り返されていること」のみが理由になっていることがわかった[16]．ここでは $K \cdot a_j$ $(j = 1, 2, 3)$ が全部整数である状況をもう少しわかりやすく表現できないか考えてみる．

さて，我々は既に三本の基本並進ベクトルを使っているが，そこに新たに三本のベクトルを追加する．それらは a_4, a_5, a_6 あるいは $\mathbf{d}, \mathbf{e}, \mathbf{f}$ としてもよいが，約束として $a_1{}^*, a_2{}^*, a_3{}^*$ あるいは $\mathbf{a}^*, \mathbf{b}^*, \mathbf{c}^*$ と書く．元からある三本のベクトルとよく似た記号を使うのは，新たな三本のベクトルを以下の条件を満たすように取るからである：

$$a_1 \cdot a_1{}^* = 1 \quad a_1 \cdot a_2{}^* = 0 \quad a_1 \cdot a_3{}^* = 0$$
$$a_2 \cdot a_1{}^* = 0 \quad a_2 \cdot a_2{}^* = 1 \quad a_2 \cdot a_3{}^* = 0$$
$$a_3 \cdot a_1{}^* = 0 \quad a_3 \cdot a_2{}^* = 0 \quad a_3 \cdot a_3{}^* = 1$$

あるいは

$$\mathbf{a} \cdot \mathbf{a}^* = 1 \quad \mathbf{a} \cdot \mathbf{b}^* = 0 \quad \mathbf{a} \cdot \mathbf{c}^* = 0$$
$$\mathbf{b} \cdot \mathbf{a}^* = 0 \quad \mathbf{b} \cdot \mathbf{b}^* = 1 \quad \mathbf{b} \cdot \mathbf{c}^* = 0$$
$$\mathbf{c} \cdot \mathbf{a}^* = 0 \quad \mathbf{c} \cdot \mathbf{b}^* = 0 \quad \mathbf{c} \cdot \mathbf{c}^* = 1$$

$$(2\text{-}8)$$

結晶学では（そして本書でも以降は）後者の表記を使う．想像するのは簡単で，例えば，$\mathbf{a}^*$ は $\mathbf{b}$ と $\mathbf{c}$ の両方を含む面（いわゆる $(\mathbf{b}, \mathbf{c})$ 面）に垂直で，その長さは $\mathbf{a}$ と $\mathbf{a}^*$ との間の角度を θ としたとき $1 / a \cos\theta$（$\mathbf{a}$ が $(\mathbf{b}, \mathbf{c})$ 面に直交するなら正確に $1 / a$）になる．向きは $(\mathbf{b}, \mathbf{c})$ 面に対して $\mathbf{a}$ と同じ側になる[17]．次に，これらを基本ベクトルとした一次結合 $H = A \mathbf{a}^* + B \mathbf{b}^* + C \mathbf{c}^*$ なるベクトルを考える．今のところ A, B, C は実数であって H は空間のどこであっても指定できる，つまり制限はない．さて，H と $\mathbf{a}$ との内積を取ると A だけがそのまま残る（$H \cdot \mathbf{a} = A$）．$\mathbf{b}$ との内積を取れば B が，$\mathbf{c}$ との内積を取れば C が残る．散乱ベクトル K をこのベクトル H で表現したとき，$K \cdot \mathbf{a}$ が整数であるためには H 中の係数 A が整数であればよいことになり大変に都合が良い．これと同じことは B, C についても言える．そこで一般に実数である A, B, C の代わりに整数 h, k, l を使って散乱ベクトル K を次式

$$K = H_{hkl} = h \mathbf{a}^* + k \mathbf{b}^* + l \mathbf{c}^* = \mathbf{h} \tag{2-9}$$

---

16. もし対象とする物質での電子密度分布の周期性が一方向にしかなければ，満たす必要のある j は 1 のみになる（一次元結晶：回折線が出て行く条件が緩い）．

17. $\mathbf{a}, \mathbf{b}, \mathbf{c}$ の向きを右手系で取るのと同様に $\mathbf{a}^*, \mathbf{b}^*, \mathbf{c}^*$ もまた右手系で取る．

で表すことにする．こうすると，結晶によるＸ線の散乱について「結晶からの散乱Ｘ線の重ね合わせが振幅をもてるのは，散乱ベクトルを $\mathbf{a}^*, \mathbf{b}^*, \mathbf{c}^*$ の一次結合で表現したときの係数 h, k, l がどれも整数のときだけである」と表現できる．H のうち係数が整数である H_{hkl} の一般形としては $\mathbf{h}$ が使われることが多い．さて，これら $\mathbf{a}^*, \mathbf{b}^*, \mathbf{c}^*$ を**逆格子ベクトル**（逆格子の基底ベクトル：basis of reciprocal lattice）と呼ぼう[18]．これらを基底とする格子を**逆格子**（reciprocal lattice），それが座標系になっている空間を**逆空間**（reciprocal space）と称する[19]．$\mathbf{a}^*, \mathbf{b}^*, \mathbf{c}^*$ それぞれのベクトル長を a^*, b^*, c^*，二つのベクトルのなす角を実格子と同様に取って $\alpha^*, \beta^*, \gamma^*$ と記す（逆格子定数）．これを「逆」空間と呼ぶのは，**実空間の原子配列に見つかる周期の「分数」がこの座標系では原点から逆格子ベクトルの先端までの距離の「倍数」に化ける**からである（これはフーリエ変換そのもの）．

　$\mathbf{a}, \mathbf{b}, \mathbf{c}$ は結晶の基本並進の向きと周期（並進対称性）を表現するベクトルで，もちろん共通の座標原点を始点とする．しかしながらこれらのベクトルについては単に並進周期を正しく反映してさえいればよいので，その原点を原子配列中のどこに取っても今のところ問題は起きていない．おまけに結晶構造中には原点と等価な点は単位胞の数と同じだけ（事実上無数に）ある．一方で逆格子はと言えば，逆空間にある格子点は実格子のような「原点と，その等価点の群れ」ではない．つまり逆格子には原点は一つしかなく，それはつねに逆格子ベクトルとその一次結合 H，すなわち散乱ベクトル K の始点である．

　実格子ベクトルの原点が実空間のどこに取られていても逆格子には影響が及ばないから，両者は独立した座標系である．実格子と逆格子を重ねて示したときにそれらの原点が同じ位置に取られることがあるのは単に説明の都合である．

2.2.2. Ｘ線の回折，結晶構造因子

　ラウエ関数に従って散乱Ｘ線が観測される現象を「Ｘ線の回折」（diffraction of X-ray）[20]，このときの散乱Ｘ線の重ね合わせを「回折線」（diffracted X-ray または "diffraction"）と呼ぶ．2-4 式中の f_{cell} に当たる複素数を $F(hkl)$ と表記する．つまり

$$K \cdot r_j = H_{hkl} \cdot r_j = (h\,\mathbf{a}^* + k\,\mathbf{b}^* + l\,\mathbf{c}^*) \cdot r_j \qquad (2\text{-}10)$$

---

18. 厳密には逆格子原点から逆格子点へのベクトル $\mathbf{h}$（reciprocal-lattice vector）を逆格子ベクトル，$\mathbf{a}^*, \mathbf{b}^*, \mathbf{c}^*$ を逆ベクトルとするべきなのだろうが，本稿では古くから馴染みのある用語を採った．

19. 他に「波数空間」「k 空間（あるいは K 空間）」「運動量空間」など．なお，「h, k, l がすべて整数」と条件づけされているので，Ｘ線回折に関しては**逆空間は点集合**である．

20. 第 1.2.2. 項で述べた通り電子による電磁波の放出は双極子放射であって波の回折現象とは本質的に異なる．しかしそれ以降の取り扱いは「回折した波の干渉」と同じであり，このため散乱Ｘ線の重ね合わせのうちで $|G_{mix}|$ が大きいものを指して「回折Ｘ線」と呼んでいる．

であって，ラウエ関数に相当する分を列記する代わりに h, k, l は整数であるという制約を付ける（ラウエ指数：Laue indices）．その上で，2-7 式を

$$F(hkl) = \sum_j \left[f_{\mathrm{atom},j} \times \exp\left[2\pi\, i\left\{ (h\mathbf{a}^* + k\mathbf{b}^* + l\mathbf{c}^*) \bullet r_j \right\} \right] \right]$$

$$= \sum_j \left[f_{\mathrm{atom},j} \times \exp\left[2\pi\, i\left\{ (h\mathbf{a}^* + k\mathbf{b}^* + l\mathbf{c}^*) \bullet (\mathbf{a}x_j + \mathbf{b}y_j + \mathbf{c}z_j) \right\} \right] \right] \quad (2\text{-}11)$$

$$= \sum_j \left[f_{\mathrm{atom},j} \times \exp\left\{ 2\pi\, i\left(hx_j + ky_j + lz_j \right) \right\} \right]$$

と書き直す．これは 1-29 式と同じ内容で，つまり第 1.3.2. 項で説明した「結晶構造因子」の解析的な表記である．h, k, l が整数でない場合について 2-11 式の値を計算するということは単位胞一つ分による散乱 X 線の振幅と位相差割合をあらゆる入射／散乱方向の組み合わせについて計算するということで，単位胞内の基本構造を考える際には充分な意味がある（第 3 章）．2-11 式では逆格子座標系（逆空間）に掛かる数値（指数 h, k, l）と実格子座標系（実空間）に掛かる数値（原子の分率座標 x, y, z）が混在してしまっているが計算自体はこのほうが楽で良い．2-11 式中には格子定数が含まれていないことに気づいただろうか？　2-11 式では単位胞が $1 \times 1 \times 1$ に規格化された立方体に化けており，格子定数の情報は f_{atom} の $\boldsymbol{K}$ への依存性としてしか含まれていない．とはいえ指数 h も遡れば $\boldsymbol{K} \bullet \mathbf{a}$ なのでやはり実空間のベクトルに基づく．

2.2.3. 逆格子の図形的な表現

第 2.1.3. 項まで戻って，単位胞に荷電粒子が一つずつあるような単純な結晶を考える．

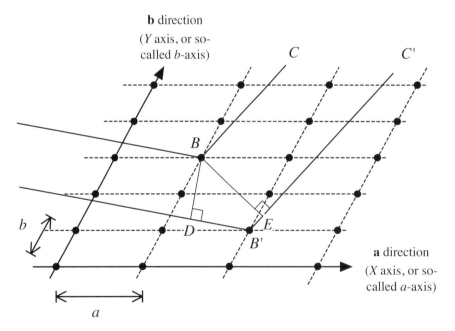

図 2-3. 原点とその等価点（各格子点）にだけ荷電粒子があるような「結晶」のうちの (**a**, **b**) 平面.

この粒子を座標原点に置けば，この結晶の X 軸と Y 軸（あるいはいわゆる a 軸と b 軸）を含む面（Z = 0）は図 2-3 で表すことができる．もし粒子 B と B' とによって BC （および $B'C'$）方向に散乱された X 線の行路差 $|DB'| + |B'E|$ が波長 λ の整数倍であるなら両者は強め合うだろうし，そうでなければ両者は打ち消し合う．この条件が二つの粒子 B と B' について成り立てば，相対位置が同じ関係にある二つの粒子のペアについても同じことが言える．しかし，他の組み合わせについて同様のことが成り立っているかどうかはまだ不明のままである．結晶全体について散乱波が強め合うときの入射方向と散乱方向との関係を以下で導いていく．

2.2.3.1. 一次元の周期配列

粒子が X 軸上に等間隔 a で並んでいる場合を考える（図 2-4a）．図 2-4a では入射する X 線を AB および $A'B'$ で，観測する方向への散乱 X 線を BC および $B'C'$ で表している．波が進む方向を正に取れば，粒子 B' による散乱線 $A'B'C'$ の行程は ABC の行程に比べて対して $DB' - BE$ だけ長い．そこで，図 2-4b に示すように新たな軸（$X2$ 軸）とその原点 O を取り，入射方向に平行で長さ a の線分 PO を引く．直角三角形 POP' は図 2-4a 中の直角三角形 $BB'D$ をくるりと裏返したものである．同様の作業を散乱線を観測する方向についても行う（直角三角形 QOQ' と $BB'E$）．ついでに OQ と同じ線分を P の先に付けて（線分 PR），点 R の $X2$ 軸座標を R' とする．こうすると，上記の行路差の $DB' - BE$ は $P'O - OQ'$（つまり座標値 R'）で表される．この R' が波長 λ の整数倍になると，「隣り合う二つ」の粒子による散乱 X 線は互いに強め合う．このとき B と B'' による行路差はこれのちょうど二倍になるから，やはり互いに強め合う．

図 2-4b の全体の寸法を a で割って，線分 PO と OQ の長さを「1」にする，つまり単位ベクトル s_0, s_1 の長さにする：

$$\frac{PO}{BB'} = \frac{P'O}{DB'} = \frac{1}{a}. \tag{2-12}$$

こうすると $P'O = \dfrac{DB'}{a}$，$OQ' = \dfrac{BE}{a}$ になるから，入射線と散乱線との方向について

$$OR' = OQ' - P'O = \frac{(BE - DB')}{a} = \frac{h\lambda}{a} \tag{2-13}$$

（h は整数）が満たされるならば，粒子 B と B' からの散乱線は互いに強め合うことになる．この状況を図 2-4c に示す．

これと同様に，全体の寸法を $a\lambda$ で割って，線分 PO と OQ の長さを「$1/\lambda$」にすればこれは波数ベクトル k_0, k_1 の長さである．すなわち

$$\frac{PO}{BB'} = \frac{P'O}{DB'} = \frac{1}{a\lambda}, \quad P'O = \frac{DB'}{a\lambda}, \quad OQ' = \frac{BE}{a\lambda} \tag{2-14}$$

とすれば，入射線と散乱線との方向について

$$OR' = OQ' - P'O = \frac{(BE - DB')}{a\lambda} = \frac{h\lambda}{a\lambda} = \frac{h}{a} \tag{2-15}$$

（h は整数）が上と等価な「満たすべき条件」となる．

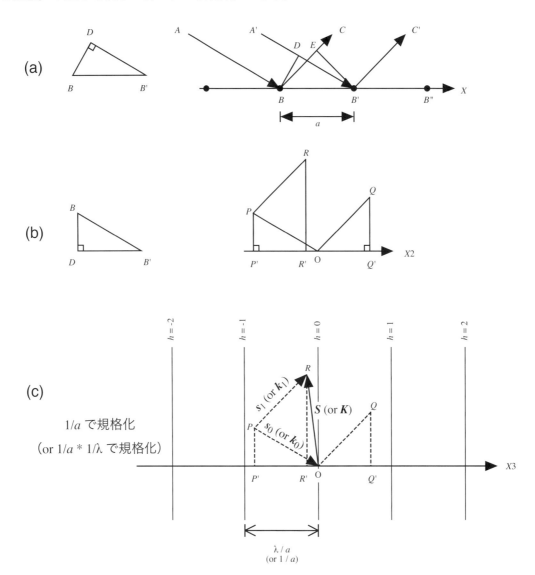

図 2-4．(a) 入射方向と散乱方向，および荷電粒子の周期配列の方向．
(b) B と B' のそれぞれを経由した場合の行程差の図形的表現．(c) 波数ベクトルと散乱ベクトル，およびそれらと行程差の図形的表現との関係．
本図では荷電粒子間の距離を 1Å，X 線の波長を 1Å として作図してある．このため (a) 中の a と (c) 中での原点から $h = \pm1$ までの距離は等しくなっている．現実の結晶では a は 1Å より大きいし，また，S と K を一致させるのは難しい．

図 2-4 では簡略化のため a が 1Å，波長が 1Å の場合について示してある．ベクトル OR が散乱ベクトルに対応することを確認しよう．図 2-4c を見ればわかる通り，R' の座標値は $\boldsymbol{K} \cdot \mathbf{a}$ そのものである．つまり，点 R が X 軸に垂直で間隔 $1/a$ で並んだ線上にあれば散乱波が互いに強め合うことになる．

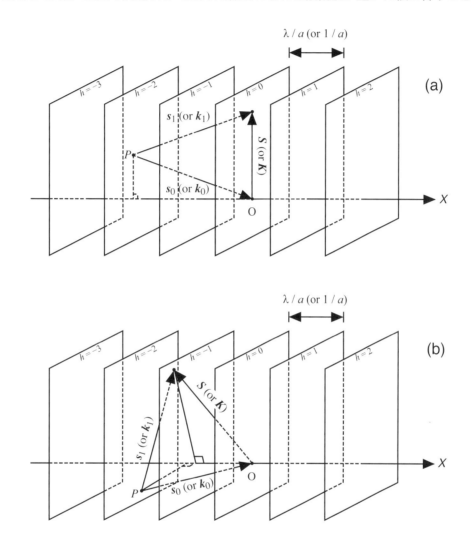

図 2-5．X 軸上以外に原子の周期配列がない場合について，行程差が波長の整数倍になるための条件．
(a) 荷電粒子の周期配列と散乱面とが同一平面上にあるとき．
(b) 周期配列と散乱面とが同一平面上にないとき．
散乱ベクトルの先端はそれぞれ $h = 0$ 面 (a)，$h = -1$ 面 (b) 上にある．

　ここまでは X 軸と回折面を同一平面上に取っていた．では両者が同一平面内にない場合はどうなるだろうか？　$\boldsymbol{k}_0, \boldsymbol{k}_1$ の方向がどうであれ，$\boldsymbol{K}$ と原子位置ベクトル $\boldsymbol{r}_j$ との内積が不変であれば合成された散乱波の振幅が不変であることと，それ故 $\boldsymbol{K}$ を軸として荷電粒子の配列を回転させても行路差が

不変であることは既に述べた（1-19式および第1.2.4.項）．図2-4では $\mathbf{a}$ が r_j に相当し，R' の $X3$ 座標値が S（または K）と $\mathbf{a}$ の内積を示しているのだから，点 R の $X3$ 座標値（散乱ベクトルの $X3$ 軸への投影）が λ/a（または $1/a$）の整数倍でありさえすれば散乱線が互いに強め合うための条件は保たれる．言い換えれば，X 線の入射方向や観測方向が粒子の配列方向と違っていても S（または K）の先端が $X3$ 軸に垂直で間隔 λ/a（または $1/a$）で並んだ一群の「衝立」のどれかの面内のどこかにありさえすればラウエ関数の制約は満たされて散乱線は強め合う（図2-5）．

実際の結晶構造では原子は原点以外にもあるのだが，ベクトル $\mathbf{a}$ の始点を結晶内のどこに置いてもその両端での電子密度は必ず同じである．もし原点とその直近の等価点について上記の関係が成り立つなら単位胞の中のどの位置についても隣の単位胞の中の等価位置との間に上記と同じ状況が成り立ち，結果として隣接した単位胞からの散乱波は互いに強め合う．

一つ跳ばした組み合わせ（図2-4aでの B と B''）について考えてみよう．B' が無いものとして B–B'' について考え作図すると，図2-4cや図2-5での $h = 0, 1, 2, \ldots$ の面間隔が半分になる．しかし，このときには，$h = 1, 3, 5, \ldots$ の場所での散乱 X 線強度はゼロになる（B と B'' による散乱線の位相が一周期分ずれているなら，B' による散乱線の位相は逆相になっている）．これは一番近い組み合わせについてのラウエ関数の制約の通りであり，結局のところ一番短い並進によるラウエ関数の制約だけが残る．

2.2.3.2. 二次元の周期配列

粒子が等間隔で並んでいる二次元網面を考える（図2-6a）．最短の周期を一本目の基本並進ベクトル a_1 として，それとは異なる方向に見つかる周期のうち最短のものを二本目の基本並進ベクトル a_2 とする．短いものから選んでいったこれら二つのベクトルはこの点集合（結晶格子）での**標準基底ベクトル**と呼ばれる．これらについてラウエ関数の衝立を描くと二組の平行線群が得られ，それらの交点は二つの（二方向についての）ラウエ関数を満たす．交点の実体は網面に垂直に交わる棒の一群である（図2-6b）．

ベクトル a_1, a_2 よりも長い二つのベクトル a_3, a_4 を基本並進ベクトルとしてみる．どの白丸もこれら二つのベクトルの一次結合（係数は整数）で表せるので結晶格子の基底ベクトルの選択として問題はなさそうである．実際のところ，これらのベクトルに対応するラウエ関数の衝立の間隔は狭いが，それらの交点の配置は a_1, a_2 による平行線群の交点の配置と同じになる（図2-6c）．

次にベクトル a_2, a_4 を基本並進ベクトルとしてみよう．ベクトル a_2, a_4 をよく見ると，これらによって作られる平行四辺形の中央にも原点の等価点があり，この点はベクトル a_2, a_4 の一次結合（係数は整数）では表すことができない．つまり二つのベクトル a_2, a_4 の組み合わせはこの結晶格子の基底ベクトルとしては不適切であろう．

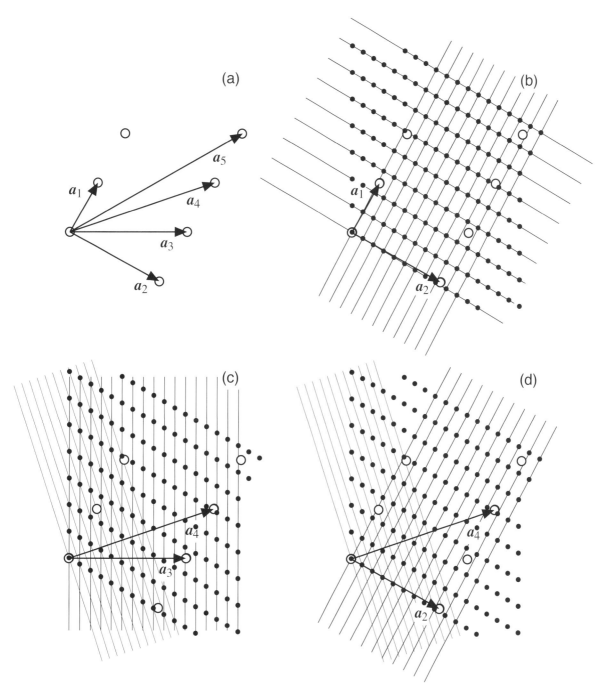

図 2-6．二次元の周期配列とラウエ関数．(a) 二次元の粒子配列（部分）と並進ベクトル; (b) a_1 と a_2 についてそれらに垂直で間隔 $1/a_1$, $1/a_2$ の平行線群とそれらの交点; (c) 同じく a_3 と a_4 について; (d) 同じく a_2 と a_4 について．a_1, a_2 についての交点を黒丸で示す．a_1 と a_2 が直交していないことに注意すること．

a_2, a_4 による平行線群の交点を見ると，それらのうちのいくらかはベクトル a_1 による平行線群から外れている（図 2-6d）．このため，それらの位置では散乱 X 線が振幅をもつことができない．一方，ベクトル a_2, a_4 による平行線群はベクトル a_1, a_2 による平行線群の交点を必ず通っている．

47

図 2-6 中のどの二点を結ぶベクトルからもラウエ関数を導くことができて，結晶からの回折線が観測されるためには H はそれらすべてのラウエ関数の制約を満たさなければならない．基本並進ベクトル二本が基底として適切に選ばれていれば平行線群の交点（二つのラウエ関数の制約を満たす H の先端）は常に同じ位置にあり，それらはこの制約を自動的に満たす．基本並進ベクトルが基底として不適切なものであると，それらにより導かれる平行線群の交点（逆格子点）は適切な基底ベクトルで得られるものより多く，かつ適切な基底で得られるものをすべて含む．基底として通常は最も短い並進ベクトルとその次に短い並進ベクトルを使い，散乱ベクトルがラウエ関数の制約を満たすかどうか考える際にはそれらの標準基底ベクトルを反映したラウエ関数について考えればよい．

2.2.3.3. 三次元の周期配列

二次元の周期配列についての考察はそのまま三次元に拡張できる．三つの基本並進ベクトルが斜行するような三次元の配列であっても，ラウエ関数の衝立群は**それぞれの基本並進ベクトルに垂直に立ち，その間隔はベクトル長の逆数である**．三組の衝立群がそれぞれの基本並進ベクトルに垂直に立つのだから，三次元周期配列した粒子によって散乱された X 線が強め合うために散乱ベクトル H の先端が位置しなければならない位置は三組の衝立群の交点群（三次元空間に規則正しく配列した複数の点）になり，こうして導かれた点には指数 h, k, l が付く[21]．これらについて $\mathbf{a}$ 方向に関するラウエ関数を反映する平行面群の配列方向と周期を $a*$，$\mathbf{b}$ についてのものを $b*$，$\mathbf{c}$ についてのものを $c*$ とし，二つのベクトルのなす角を実格子と同様に取って $\alpha* \beta* \gamma*$ と記す．また，これらの点を格子点とする格子が逆格子である．実格子ベクトルと逆格子ベクトルの方位関係を図 2-7 に，面間隔と逆格子ベクトル長との関係を図 2-8 に示す．図からわかる通り，軸が斜交しているなら $a*, b*, c*$ は a, b, c の単純な逆数にはならない．

結晶格子の基底ベクトルの取り方はいくらもあるが通常は**既約格子**（格子だが reduced "cell"）と呼ばれているものから出発する[22]．これは**単純格子**（平行六面体のうち，面内や体内に原点の等価点を全く含まないもの；格子だが primitive "cell"）でもある．何かの事情であえて基底になっていない

---

21. つまりラウエ指数 h, k, l は散乱ベクトルの先端が乗るラウエ関数の衝立の番号（原点から数えて何枚目か）でもある．

22. 三つのベクトルで作られる一つの平行六面体についてベクトルの原点の取り方とベクトルの $\mathbf{a}, \mathbf{b}, \mathbf{c}$ への割り振りには任意性がある．そこで結晶構造中で見つかる最短の並進を $\mathbf{a}$，$\mathbf{a}$ とは異なる向きで $\mathbf{a}$ の次に短いものを $\mathbf{b}$，$(\mathbf{a}, \mathbf{b})$ 面外にあって最短のものを $\mathbf{c}$ とする．$|\mathbf{a}|^2 = A, |\mathbf{b}|^2 = B, |\mathbf{c}|^2 = C$ としたとき $A \leq B \leq C$ でかつ α, β, γ をすべて鋭角にする組み合わせは 2 通りあり，右手系を採用してこれをタイプ I とする．すべて鈍角にしたものはタイプ II とする．これに補足的な特殊条件が加わり，最終的に規約格子は 44 種類に分類される．

（＝大きな）単位胞を取った際には回折線の振幅が系統的にゼロになったように見えるだろう（図2-6d）．この現象は思ったほどには単純ではないので次章で再度取り上げる．

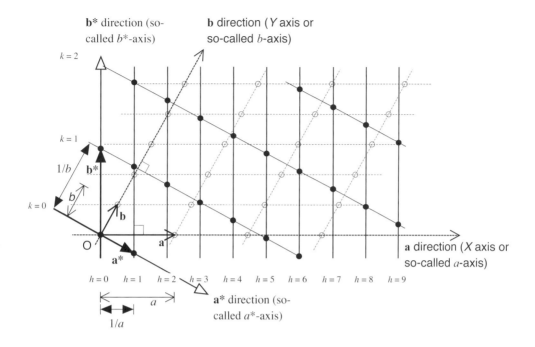

図 2-7．荷電粒子が二次元に周期配列したときの実格子と逆格子との関係．白丸と破線は荷電粒子の配列と結晶格子，実線はh, k が整数となる位置，黒丸は逆格子点を表す．
周期配列した荷電粒子によってX線の回折が起きるために散乱ベクトルの先端（点 R）が位置すべき場所は，二組の平行面群の交線上（紙面に垂直，h, k がともに整数）になる．Z 方向にも周期がある場合には上記に加えて **c** に垂直な面群が加わる．

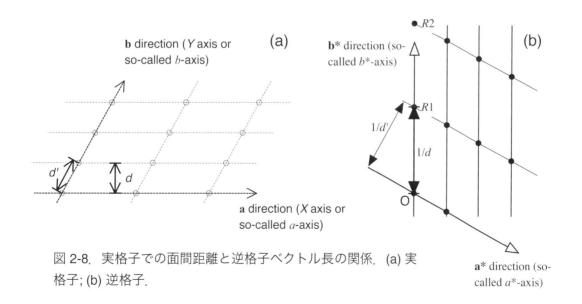

図 2-8．実格子での面間距離と逆格子ベクトル長の関係．(a) 実格子; (b) 逆格子.

2.2.3.4. ブラッグの回折条件とラウエ，ミラーの指数

以上から，X線の回折が観測されるかどうかは K の先端が逆格子点にあるかどうかで決まることがわかった．さて，ここで結晶外形に関する有理指数の法則とミラー (Miller) の面指数を少し思い出してみる．図2-7で $\mathbf{c}$ を紙面に垂直に立てておくと，X軸のすぐ上にある横破線（単位胞の境界）は $\mathbf{a}, \mathbf{c}$ とは交わらず $\mathbf{b}$ の一分割の位置で交わる面，つまり (010) であって[23]，そして d は(010) の面間隔（原点から (010) までの距離）になっている．$\mathbf{b}^*$ の方向はこの面の法線方向になる．$1/b$ が指数 k の衝立群の間隔で，三角形の相似関係より図2-8bに示した逆格子原点 O から R1 までの距離 b^* は $1/b$ ではなく $1/d$ になることはすぐに知れる．R2 までの距離は $2/d$ であり，同様に Rn までの距離は n/d である（n は整数）．このような取り扱いはすべての逆格子点について同様に成り立ち，すべての逆格子点についてそのベクトルに垂直で面間隔（原点からの距離）が逆格子ベクトル長の逆数であるような面が仮定される．これらの面は h, k, l をミラーの面指数とする面と同じもので，回折線を観測するとそれらはあたかもそのような面によって反射されたかの如くに見えるだろう（図 2-9 および第1.2.4. 項）．ただしミラーの面指数と区別するために逆格子点のラウエ指数は " ( ) " で括らずに剥き出しの hkl で表す．

入射方向と回折方向のなす角度を 2θ とすれば点 R と原点との距離 OR は

$$OR = OP \sin\theta + OQ \sin\theta$$
$$= 2(1/\lambda)\sin\theta \qquad (2\text{-}16)$$
$$= \frac{2\sin\theta}{\lambda}$$

として得られるので（図 2-9），散乱X線が互いに強め合うための条件として

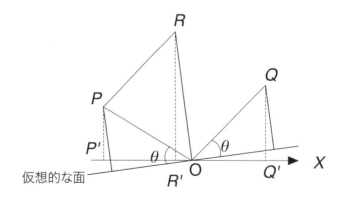

図 2-9. ブラッグの回折条件式での角度の取り方.

---

23. (hkl) で使われている小括弧はそれが外形面や結晶格子面であることを示すので，「(hkl) 面」と表記する必要はない．

$$n/d = 2 \sin\theta / \lambda$$

$$\therefore 2d \sin\theta = n\lambda \quad (n \text{ は整数}) \tag{2-17}$$

という制約が生じる（ブラッグ (Bragg) の回折条件）．ここでの n は散乱波の位相ずれが n 周期分であることに対応する．このようにブラッグの回折条件では d が固定され n が増えていくのだが，n を増やす代わりにこれを間隔 d/n の仮想的な面群に起因する回折として扱うのが普通になっている．このときラウエ指数 hkl はそれぞれが n 倍される．

以上の説明をまとめてみよう．

1　散乱ベクトルが逆格子ベクトルの一次結合 $H_{hkl} = h\mathbf{a}^* + k\mathbf{b}^* + l\mathbf{c}^*$（あるいは $h_1\mathbf{a_1}^* + h_2\mathbf{a_2}^* + h_3\mathbf{a_3}^*$ で，係数は整数）で表せる状況にないと結晶からの散乱 X 線（合成波）の振幅はゼロになる（ラウエ関数）．一致しているときには回折線が観測される．その振幅としては単位胞一つ分について計算されたものを採用する．

2　そうして観測された回折線はラウエ指数 h, k, l をミラー指数とする結晶面 (hkl) によって角度 2θ で反射されているように見える．

3　このとき，散乱ベクトル H_{hkl} は結晶面 (hkl) に垂直で，そのベクトル長は対応する結晶面の面間隔（原点からの距離）の逆数になる．

4　とある方向についてラウエ指数 h, k, l の回折が起き，実空間での同じ並進量によって位相が n 倍周期分ずれる方角があるなら，後者のラウエ指数 h', k', l' は nh, nk, nl になっている．

観測された回折線にラウエ指数 h, k, l を割り振ることは結晶格子の大きさや軸の間の角度を決める（格子を取る）ことと同じことになる．なお，結晶内の座標原点は（まだ）どこでもよい．

2.2.4. 実格子ベクトルと逆格子ベクトルのいくつかの関係

2.2.4.1. 面間隔について

散乱ベクトル H_{hkl} の長さ H_{hkl} が $1/d_{hkl}$ であることは第 2.2.3.3. 項で説明したが，これは $H_{hkl} \cdot H_{hkl}$ の平方根として求められるので，ある面指数 hkl に対応する結晶面間隔は次式

$$d_{hkl} = \left(\sqrt{H_{hkl} \cdot H_{hkl}}\right)^{-1} = \left(\sqrt{(h\mathbf{a}^* + k\mathbf{b}^* + l\mathbf{c}^*)\cdot(h\mathbf{a}^* + k\mathbf{b}^* + l\mathbf{c}^*)}\right)^{-1}$$

$$= \left(\sqrt{h^2 a^{*2} + k^2 b^{*2} + l^2 c^{*2} + 2hk a^* b^* \cos\gamma^* + 2kl b^* c^* \cos\alpha^* + 2lh c^* a^* \cos\beta^*}\right)^{-1}$$

$$\tag{2-18}$$

から容易に求められる.

2.2.4.2. 単位胞体積について

二つのベクトル $\mathbf{b}$ と $\mathbf{c}$ の外積 $\mathbf{b} \times \mathbf{c}$ はベクトル積であり,演算結果としてベクトル（$\mathbf{u}$ とする）が得られる.$\mathbf{u}$ の向きは二つのベクトルに垂直でこれを右手系に取り,長さ $u = bc \sin\alpha$ と定義されている.この物理的意味は今は措いておくが,これと残りの実格子ベクトル $\mathbf{a}$ との内積（スカラー積）を取ればこれは $\mathbf{a}, \mathbf{b}, \mathbf{c}$ を三辺とする平行六面体の体積になる.つまり,単位胞の体積はベクトルを使って次のように表される:

$$V = \mathbf{a} \cdot (\mathbf{b} \times \mathbf{c}). \tag{2-19}$$

別の求め方として,単位胞の体積は次の行列式としても得られる:

$$V^2 = \begin{vmatrix} \mathbf{a} \cdot \mathbf{a} & \mathbf{a} \cdot \mathbf{b} & \mathbf{a} \cdot \mathbf{c} \\ \mathbf{b} \cdot \mathbf{a} & \mathbf{b} \cdot \mathbf{b} & \mathbf{b} \cdot \mathbf{c} \\ \mathbf{c} \cdot \mathbf{a} & \mathbf{c} \cdot \mathbf{b} & \mathbf{c} \cdot \mathbf{c} \end{vmatrix}. \tag{2-20}$$

各ベクトルの内積を律儀に計算して行けばこの行列式は次式で表される:

$$V^2 = a^2 b^2 c^2 \left(1 - \cos^2\alpha - \cos^2\beta - \cos^2\gamma + 2\cos\alpha\cos\beta\cos\gamma \right)$$
$$\therefore V = abc\sqrt{1 - \cos^2\alpha - \cos^2\beta - \cos^2\gamma + 2\cos\alpha\cos\beta\cos\gamma}. \tag{2-21}$$

役に立つかどうかはさておき,逆格子についても同様に

$$V^* = a^* b^* c^* \sqrt{1 - \cos^2\alpha^* - \cos^2\beta^* - \cos^2\gamma^* + 2\cos\alpha^*\cos\beta^*\cos\gamma^*}$$

$$\tag{2-22}$$

が得られることを指摘しておくが,どちらも空間格子を作っているのだから 2-21 式が成り立っているときに 2-22 式が成り立つのは当然ではある.実空間での格子定数（$a, b, c, \alpha, \beta, \gamma$）と逆格子定数（$a^*, b^*, c^*, \alpha^*, \beta^*, \gamma^*$）との関係を表 2-1 に整理しておくが,これらのうちのいくつかは図 2-7, 2-8 を参照すれば直感できるだろう.

表 2-1. 実格子と逆格子の関係，および算出方法

逆格子	実格子
$$a* = \frac{\mathbf{b} \times \mathbf{c}}{\mathbf{a} \cdot (\mathbf{b} \times \mathbf{c})} = \frac{\mathbf{b} \times \mathbf{c}}{V}$$	$$\mathbf{a} = \frac{\mathbf{b}* \times \mathbf{c}*}{\mathbf{a}* \cdot (\mathbf{b}* \times \mathbf{c}*)} = \frac{\mathbf{b}* \times \mathbf{c}*}{V*}$$
$$b* = \frac{\mathbf{c} \times \mathbf{a}}{\mathbf{b} \cdot (\mathbf{c} \times \mathbf{a})} = \frac{\mathbf{c} \times \mathbf{a}}{V}$$	$$\mathbf{b} = \frac{\mathbf{c}* \times \mathbf{a}*}{\mathbf{b}* \cdot (\mathbf{c}* \times \mathbf{a}*)} = \frac{\mathbf{c}* \times \mathbf{a}*}{V*}$$
$$c* = \frac{\mathbf{a} \times \mathbf{b}}{\mathbf{c} \cdot (\mathbf{a} \times \mathbf{b})} = \frac{\mathbf{a} \times \mathbf{b}}{V}$$	$$\mathbf{c} = \frac{\mathbf{a}* \times \mathbf{b}*}{\mathbf{c}* \cdot (\mathbf{a}* \times \mathbf{b}*)} = \frac{\mathbf{a}* \times \mathbf{b}*}{V*}$$
$$a* = \frac{|\mathbf{b} \times \mathbf{c}|}{V} = \frac{bc \sin \alpha}{V}$$	$$a = \frac{|\mathbf{b}* \times \mathbf{c}*|}{V*} = \frac{b* c* \sin \alpha*}{V*}$$
$$b* = \frac{|\mathbf{c} \times \mathbf{a}|}{V} = \frac{ca \sin \beta}{V}$$	$$b = \frac{|\mathbf{c}* \times \mathbf{a}*|}{V*} = \frac{c* a* \sin \beta*}{V*}$$
$$c* = \frac{|\mathbf{a} \times \mathbf{b}|}{V} = \frac{ab \sin \gamma}{V}$$	$$c = \frac{|\mathbf{a}* \times \mathbf{b}*|}{V*} = \frac{a* b* \sin \gamma*}{V*}$$
$$\therefore a* : b* : c* = \frac{\sin \alpha}{a} : \frac{\sin \alpha}{b} : \frac{\sin \gamma}{c}$$	$$\therefore a : b : c = \frac{\sin \alpha*}{a*} : \frac{\sin \alpha*}{b*} : \frac{\sin \gamma*}{c*}$$
$$\cos \alpha* = \frac{\cos \beta \cos \gamma - \cos \alpha}{\sin \beta \sin \gamma}$$	$$\cos \alpha = \frac{\cos \beta* \cos \gamma* - \cos \alpha*}{\sin \beta* \sin \gamma*}$$
$$\cos \beta* = \frac{\cos \gamma \cos \alpha - \cos \beta}{\sin \gamma \sin \alpha}$$	$$\cos \beta = \frac{\cos \gamma* \cos \alpha* - \cos \beta*}{\sin \gamma* \sin \alpha*}$$
$$\cos \gamma* = \frac{\cos \alpha \cos \beta - \cos \gamma}{\sin \alpha \sin \beta}$$	$$\cos \gamma = \frac{\cos \alpha* \cos \beta* - \cos \gamma*}{\sin \alpha* \sin \beta*}$$
単位胞体積	
$$V* = \frac{1}{V}$$ $$= a* b* c* \sin \alpha* \sin \beta* \sin \gamma$$ $$= a* b* c* \sin \alpha* \sin \beta \sin \gamma*$$ $$= a* b* c* \sin \alpha \sin \beta* \sin \gamma*$$ $$= a* b* c* \sqrt{1 - \cos^2 \alpha* - \cos^2 \beta* - \cos^2 \gamma* + 2\cos \alpha* \cos \beta* \cos \gamma*}$$	$$V = \frac{1}{V*}$$ $$= abc \sin \alpha \sin \beta \sin \gamma*$$ $$= abc \sin \alpha \sin \beta* \sin \gamma$$ $$= abc \sin \alpha* \sin \beta \sin \gamma$$ $$= abc \sqrt{1 - \cos^2 \alpha - \cos^2 \beta - \cos^2 \gamma + 2\cos \alpha \cos \beta \cos \gamma}$$

ベクトル長，格子面間隔，sinθ/λ

$$\frac{1}{d_{hkl}} = |H_{hkl}| = \sqrt{H_{hkl} \cdot H_{hkl}} = \sqrt{(h\mathbf{a}* + k\mathbf{b}* + l\mathbf{c}*) \cdot (h\mathbf{a}* + k\mathbf{b}* + l\mathbf{c}*)}$$

$$= \sqrt{h^2 a*^2 + k^2 b*^2 + l^2 c*^2 + 2hka* b* \cos \gamma* + 2klb* c* \cos \alpha* + 2lhc* a* \cos \beta*}$$

$$\sin \theta / \lambda = \frac{|H_{hkl}|}{2} = \frac{1}{2d_{hkl}}$$

$$= \frac{1}{2} \sqrt{h^2 a*^2 + k^2 b*^2 + l^2 c*^2 + 2hka* b* \cos \gamma* + 2klb* c* \cos \alpha* + 2lhc* a* \cos \beta*}$$

演習5

A 1. 2-19 式を証明せよ.

A 2. 実格子ベクトルを $\mathbf{a}, \mathbf{b}, \mathbf{c}$ として 2-8 式を満たす $\mathbf{a}*, \mathbf{b}*, \mathbf{c}*$ を定義したとき

$$\mathbf{a}* = \frac{\mathbf{b} \times \mathbf{c}}{\mathbf{a} \cdot (\mathbf{b} \times \mathbf{c})}, \mathbf{b}* = \frac{\mathbf{c} \times \mathbf{a}}{\mathbf{b} \cdot (\mathbf{c} \times \mathbf{a})}, \mathbf{c}* = \frac{\mathbf{a} \times \mathbf{b}}{\mathbf{c} \cdot (\mathbf{a} \times \mathbf{b})} \tag{2-501}$$

が成り立っていることを示せ.

B. 実格子定数 $a, b, c, \alpha, \beta, \gamma$ について, a, b, c, γ は任意, $\alpha = \beta = 90°$ のときの $a*, b*, c* \alpha*, \beta*, \gamma*$ を求めよ.

C. ある結晶格子について $a = 1.0$ (Å), $b = 2.0$ (Å), $c = 2.0$ (Å), $\alpha = \beta = 90°$, $\gamma = 60°$ であった.

　i) 適当なスケールで $\mathbf{a}, \mathbf{b}$ を描け.

　ii) 結晶面 (110), (210), (310) を示せ（ミラー指数の復習）.

　iii) $H_{110}, H_{210}, H_{310}$ を示せ.

D. $\mathbf{a}*, \mathbf{b}*, \mathbf{c}*$ が 2-8 式を満たすように選ばれているとする. 任意のベクトルが $h\mathbf{a}* + k\mathbf{b}* + l\mathbf{c}*$ で表されるとき, これと $\mathbf{a}, \mathbf{b}, \mathbf{c}$ の各々のスカラー積はどのように表されるか（復習）.

E. ある結晶格子について $a = 5.0$ (Å), $b = 5.0$ (Å), $c = 10.0$ (Å), $\alpha = \beta = 90°$, $\gamma = 120°$ であった.

　i) 逆格子定数 $a*, b*, c*, \alpha*, \beta*, \gamma*$ を求めよ.

　ii) 逆格子と実格子の単位胞体積を求めよ.

　iii) (210) の面間隔を求めよ.

　iv) Cu $K\bar{a}$ 線（$\lambda = 1.54$ Å）を用いたとき, ラウエ指数が 211 である回折線（いわゆる「211 反射」）の回折角（2θ 値）を求めよ.

F. 実格子および逆格子の単位胞の体積をそれぞれ $V, V*$ とするとき, $V \times V* = 1$ となることを示せ.

演習 5 解説

A. ベクトルの外積

まず最初に，本文中で述べた **u** の定義を見返し，|**u**| が二つのベクトル **b**, **c** を二辺とする平行四辺形の面積 S を与えていることを確認する．この平行四辺形と **a** が成す角を x としたとき，二つのベクトル **u** と **a** の内積は **u** が **b**, **c** に垂直なことから $S \times a \times \cos(90° - x)$ であり，$a \times \cos(90° - x)$ が平行六面体の高さに当たるから内積（スカラー）は平行六面体の体積 V になる．つまり分母 $V = bc \sin(\alpha) \times a \cos(90° - x) = abc \sin(\alpha) \cos(90° - x)$ と書ける．

a* に関する式について，分数全体は (**b**, **c**) 面に**垂直，つまり a* に平行**で長さが $1/\{a \cos(90° - x)\}$ であるベクトルを表す．これと **a** との内積を取れば 1 になり，**b***, **c*** との内積を取れば 0 になる．つまり分数が表すベクトル（**u′** とする）は **a*** と等価になる．故に 2-501 式が成り立っている：

$$\mathbf{a} \cdot \frac{(\mathbf{b} \times \mathbf{c})}{\mathbf{a} \cdot (\mathbf{b} \times \mathbf{c})} = \mathbf{a} \cdot \mathbf{u}' = 1 \ \& \ \mathbf{u}' \| \mathbf{a}^*, \quad \mathbf{b} \cdot \frac{(\mathbf{b} \times \mathbf{c})}{\mathbf{a} \cdot (\mathbf{b} \times \mathbf{c})} = \frac{(\mathbf{b} \times \mathbf{b}) \cdot \mathbf{c}}{\mathbf{a} \cdot (\mathbf{b} \times \mathbf{c})} = 0. \quad \therefore \frac{(\mathbf{b} \times \mathbf{c})}{\mathbf{a} \cdot (\mathbf{b} \times \mathbf{c})} = \mathbf{a}^*.$$

$$(2\text{-}502)$$

これは「こうする」のではなく，「そうなる」のである．$\mathbf{a} \cdot \mathbf{u}' = a \times 1/\{a \cos(90° - x)\} \times \cos(90° - x) = 1$ の検算くらいは自力でやること．

B. 逆格子定数の計算

実格子定数 $a, b, c, \alpha, \beta, \gamma$ について，a, b, c, γ が任意，$\alpha = \beta = 90°$ のときには，**a** と **c** が直交している．故に **a** と **c** で作られる長方形の面積は $a \times c$．これと直交していない **b** について，(**a**,**c**) 面に直交する成分は $\cos(90 - \gamma)° = \sin \gamma$．故に単位胞体積 $V = abc \sin \gamma$ となる．b と c について考察しても同様の結果を得る．表 2-1 より

$$a^* = |\mathbf{a}^*| = \frac{|\mathbf{b} \times \mathbf{c}|}{V} = \frac{bc \sin \alpha}{V} = \frac{bc}{abc \sin \gamma} = \frac{1}{a \sin \gamma}$$

$$b^* = |\mathbf{b}^*| = \frac{|\mathbf{c} \times \mathbf{a}|}{V} = \frac{ac \sin \beta}{V} = \frac{ac}{abc \sin \gamma} = \frac{1}{b \sin \gamma}$$

$$c^* = |\mathbf{c}^*| = \frac{|\mathbf{a} \times \mathbf{b}|}{V} = \frac{ab \sin \gamma}{V} = \frac{ab \sin \gamma}{abc \sin \gamma} = \frac{1}{c},$$

$$(2\text{-}503)$$

角度については

$$\cos a^* = \frac{\cos \beta \cos \gamma - \cos \alpha}{\sin \beta \sin \gamma} = \frac{0}{\sin \gamma} = 0, \quad \therefore \alpha^* = 90° \ (= \frac{\pi}{2} \text{rad}),$$

$$\cos \beta^* = \frac{\cos \alpha \cos \gamma - \cos \beta}{\sin \alpha \sin \gamma} = \frac{0}{\sin \gamma} = 0, \quad \therefore \beta^* = 90° \ (= \frac{\pi}{2} \text{rad}),$$

$$\cos \gamma^* = \frac{\cos \alpha \cos \beta - \cos \gamma}{\sin \alpha \sin \beta} = \frac{-\cos \gamma}{1} = -\cos \gamma, \quad \therefore \gamma^* = 180 - \gamma(°) \ (= \pi - \gamma \text{ rad}).$$

(2-504)

C. 結晶面，ミラー指数と散乱ベクトルとの関係（図 2-10）

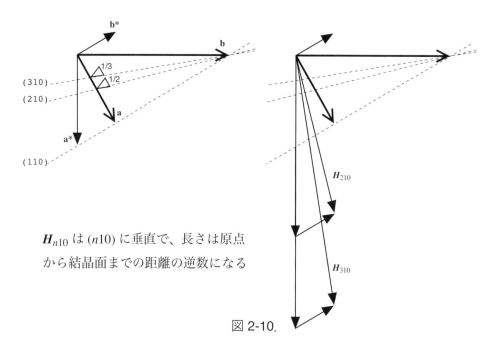

$\boldsymbol{H}_{n10}$ は $(n10)$ に垂直で、長さは原点
から結晶面までの距離の逆数になる

図 2-10.

D.

　2-8 式で課した制約から，この任意のベクトルと **a**, **b**, **c** との内積を取るとそれぞれ実数値 h, k, l だけが残る．ベクトルは任意だから h, k, l は実数値でよい．逆空間と逆格子が「h, k, l が整数値であるような点の集合であり，離散的なものである」というのは，単に「整数でなければ気にしなくてよい（ラウエ関数があるから）」というだけのことである．

E.

　i) 逆格子定数は $a^* = 1 / (a \sin 120°) = 2 / (5\sqrt{3})$, $b^* = 2 / (5\sqrt{3})$, $c^* = 1 / 10$, $\alpha^* = 90°$, $\beta^* = 90°$, $\gamma^* = 60°$．あるいは体積 $V = abc \sin(120°) = 5 \times 5 \times 10 \times \dfrac{\sqrt{3}}{2} = 125\sqrt{3}$ を使い

$$a* = \frac{5 \times 10 \times 1}{125\sqrt{3}} = \frac{2}{5\sqrt{3}} = \frac{2\sqrt{3}}{15}, \quad b* = \frac{5 \times 10 \times 1}{125\sqrt{3}} = \frac{2}{5\sqrt{3}} = \frac{2\sqrt{3}}{15}, \quad c* = \frac{5 \times 5 \times \frac{\sqrt{3}}{2}}{125\sqrt{3}} = \frac{1}{10},$$

$$\cos\alpha* = \frac{\cos\beta\cos\gamma - \cos\alpha}{\sin\beta\sin\gamma} = \frac{0}{\sqrt{3}/2}, \quad \therefore\ \alpha* = 90° \ (= \frac{\pi}{2}\,\text{rad}),$$

$$\cos\beta* = \frac{\cos\alpha\cos\gamma - \cos\alpha}{\sin\alpha\sin\gamma} = \frac{0}{\sqrt{3}/2}, \quad \therefore\ \beta* = 90° \ (= \frac{\pi}{2}\,\text{rad}),$$

$$\cos\gamma* = \frac{\cos\alpha\cos\beta - \cos\gamma}{\sin\alpha\sin\beta} = \frac{1/2}{1} = \frac{1}{2}, \quad \therefore\ \gamma* = 60° \ (= \frac{\pi}{3}\,\text{rad}).$$

$$(2\text{-}505)$$

ii) 実格子の単位胞体積は上で計算した通り．逆格子の単位胞体積はこれの逆数．

iii) 演習 5C で図 2-10 に示したように，(210) の面間隔（原点からの距離）は散乱ベクトル長 $|\boldsymbol{H}_{210}|$ の逆数として得られる．これは $2\boldsymbol{a}* + \boldsymbol{b}*$ の長さの逆数でもある．演習 5E の結晶格子について逆格子を描くと

$$\left|\boldsymbol{H}_{210}\right|^2 = \left(2a*\cos 30°\right)^2 + \left(a*+b*\right)^2, \tag{2-506}$$

あるいは 2-18 式より

$$\left|\boldsymbol{H}_{210}\right|^2 = h^2 a*^2 + k^2 b*^2 + 2hk a*b*\cos\gamma* = 5a*^2 + 4a*^2\cos\gamma* = 7a*^2 = \frac{84}{225}.$$

$$\therefore\ d = \sqrt{225/84} \approx 1.64\ (\text{Å}).$$

$$(2\text{-}507)$$

iv) 上と同様に，(211) 面間隔は散乱ベクトル長 $|\boldsymbol{H}_{211}|$ の逆数として得られる．

$$\left|\boldsymbol{H}_{211}\right|^2 = h^2 a*^2 + k^2 b*^2 + l^2 c*^2 + 2hk a*b*\cos\gamma* = \frac{84}{225} + \frac{1}{100} = \frac{23}{60}.$$

$$\therefore\ d = \sqrt{60/23} \approx 1.615\ (\text{Å}).$$

$$(2\text{-}508)$$

回折角は波長と d 値を次式に代入して得られたものを二倍して得られる（通常 n を 1 とする）

$$2\theta = 2 \times \sin^{-1}\frac{\lambda}{2d}. \tag{2-509}$$

λ に 1.54 (Å) を代入し，有効桁数を考慮して d に 1.62 (Å) を代入して $2\theta \approx 56.8°$ を得る．d に 1.615 を代入すると $56.96°$ となる．回折角が d 値の違いに敏感だということもわかる．

F.

表 2-1 に記載の V と $V*$ を導く二つの式の積を取る．$V, V*$ とも，どの取り合わせであっても積が 1 になることを確認すること．

3. 原子配列の対称性と散乱強度の対称性

3.1. 復習と一般論

3.1.1. 復習，フリーデル対

固体にX線を当てたときに出てくる散乱X線の振幅の一般式（散乱ベクトル $\boldsymbol{K}$ の関数）として 1-29 式を，結晶について 2-11 式を導いた．既に説明した通り，散乱X線の強度は，入射方向と散乱方向の組み合わせで決まる $\boldsymbol{K}$ に依存し，単位胞内の原子の位置 r_j に依存し，その原子のもっている散乱能 $f_{\text{atom},j}$ にも依存する．

幸いなことに，まず，結晶の本質的な性格である並進対称性のせいで，散乱X線は飛び飛びにしか出てこない（ラウエ関数とラウエ指数 h, k, l）．次に，原子核の周りの電子の密度分布は球対称的なので，飛び回る電子の座標と $\boldsymbol{K}$ との内積を厳密に追跡しなくとも，それら全部を代表して原子核の位置に $f(K)_{\text{atom},j}$ の散乱能をもつ粒子を置けば済む．単位胞内の原子の種類と位置がわかっていれば，ある $\boldsymbol{K} = \boldsymbol{H}_{hkl}$ についての散乱X線の振幅と位相差割合は数値を 2-11 式に代入するだけで求められる．なお，$f(K)_{\text{atom},j}$ は原子種毎に異なるので，式の中では f_{Si}, f_{O} などと区別しておく．入射X線の波長 λ，ラウエ指数 h, k, l と六つの格子定数を駆使すれば K の数値も求まり，そのときの f_{atom} の値を *International Tables for Crystallography*, Vol. C から引用する．

単位胞一つ分の G_{mix} つまり f_{cell} は $\boldsymbol{K}$ 空間（逆空間）全体について叢雲のように複素数値をもっており，$\boldsymbol{H}_{hkl}$（h, k, l は整数）の先端でしか値をもたないわけではない．これをふまえて普通の結晶による散乱現象を単純化してやると，「単位胞の座標原点（あるいは中央でもよい）に，得体のしれない散乱子が鎮座していて，それが三次元に並んでいる」と言い換えることもできる．我々は f_{cell} をラウエ関数で開いた穴から覗き，そこでの散乱振幅を採集する．穴の空間分布は原点の等価点が作る平行六面体の対称と大きさに従い，穴から出てくる散乱X線の強度は単位胞内の原子配列の対称性を反映する．

さて，$\boldsymbol{K}$ に対して，これと逆を向いたベクトル $-\boldsymbol{K}$ を 2-11 式に代入すると，共役複素数が出てくる．つまり $F(\bar{h}\,\bar{k}\,\bar{l})$ [24] と $F(hkl)$ の振幅は同じ，故に観測できる回折強度は同じになる（フリーデル対）つまり**原子配列に対称中心がなくとも観測される強度には擬似的に対称中心が湧いてしまう**[25]．

---

24. 結晶学では伝統的に $-h$ を $\bar{h}$ と書く．

25. ここでの記述は本書の目的に合わせた第一近似的なものである．現実には入射X線の波長（エネルギー）によっては電子が上位のエネルギー準位（空位）に遷移してしまうことがある（励起）．これはもちろん吸収端の近傍で著しい．励起状態からドミノ式に元に戻る際に原子は特性X線を放出

このことはラウエが回折現象を予言したときに既に指摘されていたので，32 の結晶点群型（第 3.2.3.2. 項）の内で対称中心をもつものを彼にちなんで特にラウエ群と呼ぶ．原子配列が対称中心をもっているかどうかの判定は結晶外形と回折強度の関係を精査して決めるか，あるいは統計的な手法を使う．

3.1.2. 単位胞一つ分の G_{mix} と座標原点

ここまでの説明では単位胞の座標原点に得体の知れない散乱子を置いてきたが，その散乱子の散乱能について検証してみる．直感的にはこの散乱子の散乱能がもっている対称性は単位胞内の電子密度分布のもっている対称性，つまりは原子の並び方の対称性と同じになりそうに思える．これらの原子による散乱波の重ね合わせ G_{mix} は演習 2B（あるいは図 1-9）で示したように激しく値を変える複素数のままであろう．これを K 空間について計算してみる．

三次元空間内に二次元の結晶格子（$a{:}b$ = 2:3，γ = 90°）を一枚置き，炭素原子を単位胞内の座標値 (x, y, z) = (0.2, 0.3, 0), (0.2, 0.7, 0), (0.8, 0.3, 0), (0.8, 0.7, 0) の 4 カ所に置く（図 3-1）．$\mathbf{c}$ は $(\mathbf{a}, \mathbf{b})$ 面に垂直で $c = \infty$ と見なせばよい．散乱面（第 1.2.3. 項）を $(\mathbf{a}, \mathbf{b})$ 面に一致させるのが考えやすいが，実のところ Z 軸方向にラウエ関数がないので，K が $(\mathbf{a}, \mathbf{b})$ 面から浮き上がったときに生じる違いと言えば $|K|$ が長くなって f_{atom} が小さくなることに起因する目減り分だけである．

この四つの原子の配列は単位胞の中央について対称的で[26]，直交座標系なので $\mathbf{a}$ と $\mathbf{b}$ それぞれに垂直な鏡面が見つかる（配列１）．次にこの原子群をずらして配列の中心を座標原点に移動する（配列２）．こうすると隣の単位胞にいた炭素が入ってくるので単位胞中の炭素原子数はやはり四つである．単位胞中の配列（配列３）も相変わらず配列の中心について対称的であるが，配列そのものは変わっているように見える．これら 3 通りの配列について求めた G_{mix} の実数項と虚数項，および構造振幅 $|G_{mix}|$ を図 3-1 に示す．

配列 a と配列 b では計算対象としている原子群は同じで座標原点がずれている．これによって変わるのは基準位相（散乱子が原点にあったと仮定した場合の散乱波の位相）なので，各原子が放出する X 線の位相差割合は単に一律にずれる．このため，構造振幅の K 空間分布は分布 1 と 2 で同じになる．分布 1 と 3 では直感とは少し違って実数項と虚数項の値の分布は原子配列の対称性に従ってい

するが，それとは別に本書で扱っている弾性散乱分も減衰しつつ位相もずれてしまう（異常分散効果）．特にこの位相ずれにより単純な実数で表せていた f_{atom} が複素数として振る舞い，この原子が共役関係にある $F(\overline{h}\,\overline{k}\,\overline{l})$ と $F(hkl)$ に与える影響には違いが生じる（バイフット対）．実際のところこれは吸収端近傍に限らず起きている現象で，現在の測定装置では両者の違いを検出することはさほど難しくない．

26. 純然たる二次元の空間群（平面群）では対称要素として面内の対称中心と面内の回転軸を用いないことに注意．

ないが，構造振幅の K 空間分布はどの分布も原子配列の対称性に従っている．配列 c では計算の対象とする原子が異なるせいで構造振幅の K 空間分布も変わるのだが，h, k が整数の位置では構造振幅が配列 a，b でのそれらと同じになっている．以上から，座標原点を変えれば K 空間全体に亘る構造因子の様相も変わるものの，観測できる構造振幅は変わらないことがわかる．

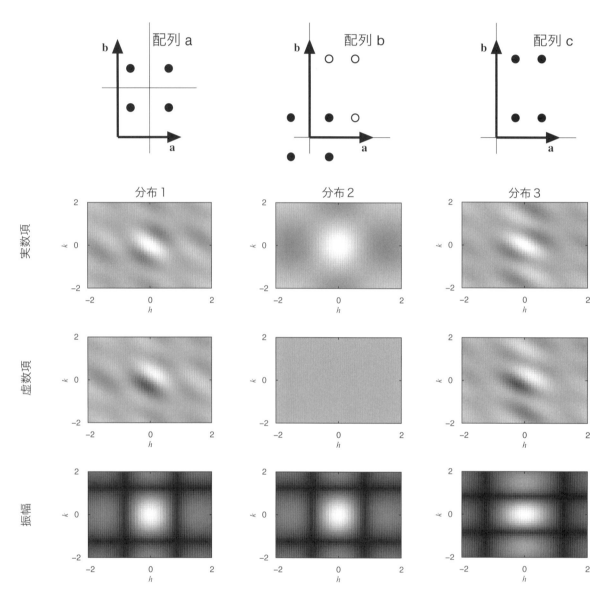

図 3-1．四つの炭素原子の配列と，それらにより散乱される X 線の重ね合わせ G_{mix} の実数項，虚数項，絶対値（構造振幅）．分布 1 は配列 a に示した四つの炭素原子について，分布 2 は配列 a での配列を平行移動したもの（配列 b）について，分布 3 は配列 b に示した単位胞内の四つの炭素原子（配列 c）について．配列 b に示した白丸は隣の単位胞から移動してきた原子である．計算は黒丸についてのみ行い，つまり配列 a と配列 b とでは基準位相だけが異なる．

基準位相が異なるだけなので配列 a と b とで振幅の分布は同一になる．また，h, k がともに整数の位置での振幅はどの配列についても同じである（定規で線を引いて確認してみること）．但し複素数値までが同じというわけではない．実数項値と虚数項値は $-25 \sim 25$，振幅値は $0 \sim 25$．

3.2. 格子系，ブラベ格子，結晶点群型，晶系

ここからは基本構造（単位胞の中にある原子配列）がもつ対称性と格子（等価点の点集合）がもつ対称性とを分けて（**両者は別の物である**）それらの関係性について考える．第 3.2. 節で解説する概念は「空間群」（第 3.3. 節）の概念とそこでの対称操作（第 3.2.3.2. 項）をすべて理解した上で説明するのが数学的に適切ではあるが，本書の目的（配列した原子群による散乱 X 線の干渉現象の説明）に合わせるために格子系から説明を始める．

3.2.1. 格子系

周期配列した等価点の集合で格子が作られることは第 2.1.2. 項で，結晶の実格子ベクトルについて考えるときに標準基底ベクトルと既約格子から出発することは第 2.2.3.3. 項で述べた．原子配列の対称性としてそれらの並進対称性しかない，あるいは追加で対称中心だけが見つかるのならこの結晶は三斜晶系に属する．晶系とは何であるのかについては第 3.2.3.3. 項で復習する．

ここで原点とその等価点（格子点）にとりあえず"点"を置いてみる．**単位胞内の原子の種類や配列については一旦忘れる**．こうするとたとえ原子配列に対称中心がなくとも，というよりどのような格子であっても必ず，"点"の配列には対称中心が出てくる．しかもやたらと出てくる[27]．格子の対称性とは実はこの"点"の配列にある対称性のみを指している（実のところ棒はよけいであろう）．

格子点の配列を眺めたときに他に何も見つからなければ，この格子は三斜格子とされる．もし二回回転軸が見つかったら，この軸に垂直な鏡面は必ず見つかる．このときにはたとえ回転軸が標準基底ベクトルに沿っていなかったとしてもこの回転軸の方向を実格子ベクトルの一つに取り，残り二つの実格子ベクトルはこれに直交するように取る．こうすると後者二つは鏡面に乗る．この格子は少なくとも単斜格子であり，格子定数を眺めると角度のうち二つが 90° になっているからそれとわかりやすそうである．既に見つかった鏡面に垂直な鏡面も見つかったなら（もちろん新しい鏡面は二回回転軸を含む）それら二枚に垂直な鏡面も必ずある．このとき軸角はどれも 90° になるのでこの格子が直方格子になっているとわかる．同様にどんどん対称性を足して行くと，各軸の長さとそれらの間の角度について満たす条件の組み合わせは七つに増える（七つの格子系）．$\mathbf{a}, \mathbf{b}, \mathbf{c}$ の割り当てにも規則がある（後述）．これは既約格子（$\mathbf{a}, \mathbf{b}, \mathbf{c}$ の大小関係や角度の関係性で 44 種類に分類される）を七通りの類型に束ねたものと言ってもよいだろう．

ところで既約格子に三方格子系なるものは存在せず[28]，その代わりというわけではないが菱面体格子系（rhombohedral lattice, 記号 R）がある．これは既約格子のうち $\mathbf{a}, \mathbf{b}, \mathbf{c}$ が全部等価な場合で，格

---

27. 平行六面体一つを取り出して描いたときにその総数は 27 である．

28. 並進対称を厳守すると格子点の配列は六方網面（正六角形の配列）になり得ない．絵に描けばそうとわかる．

子系としては独立しているものの，$\alpha = 90°$ であればこれは立方格子系の単純格子であり，そうでない場合にも **c** を三回回転軸に，**a** と **b** を **c** に垂直に，かつ $\gamma = 120°$ に取り直して六方格子系と同じ格子を取ることができる．結晶構造について記述する際には普段はこれらの6種類の格子で決まる6種類の平行六面体（慣用単位胞：conventional cell）を使う．菱面体が慣用単位胞に採られないのはどの並進ベクトル（標準基底ベクトル）も対称要素に平行になっていないせいで使いにくいからである．菱面体格子系について点集合，格子，慣用単位胞の関係を図 3-2 に示す（他の格子系については割愛）．

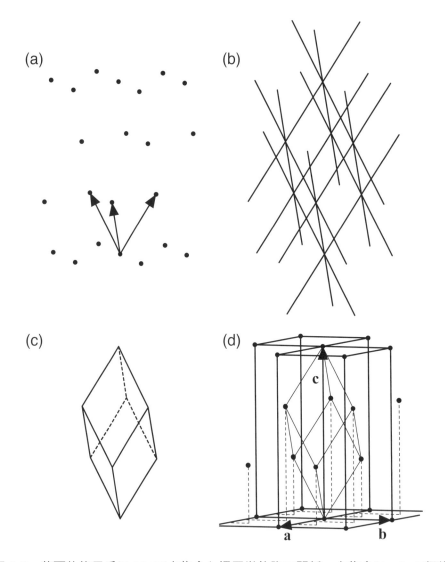

図 3-2．菱面体格子系について点集合と慣用単位胞の関係．点集合について標準基底ベクトルの係数は整数に限られていることに注意．(a) 点集合と標準基底ベクトル．(b) 標準基底ベクトルで規定される菱面体格子．(c) 菱面体（点群 $\overline{3}m$）．(d) 菱面体格子系を作る点集合を六方格子系と同様な単位胞（慣用単位胞：太線）に取り直したもの（ブラベ格子型 *hR*）と，そのときの実格子ベクトルの割り当て．

・二つの軸角が 90° で残り一つが 90° ではない結晶系は単斜晶系として定義
されているのに，一つの軸角が 90° で残り二つが 90° でない結晶系が定義さ
れていない（無視されている）のは何故か？

3.2.2. ブラベ格子

さて，対称要素を考慮して実格子ベクトルを割り当てたあげくにどのベクトルも相変わらず標準基
底ベクトルのままということも当然あるが，そうではなくなることもある．そういう場合には既約格
子の格子点に置いていた "点" が大きくなった慣用単位胞のあちらこちらに顔を出す（一般名として
"centred cell" あるいは "centred lattice"）．"点" が単位胞の中心に顔を出したものを体心格子（body
centred, 記号 I），すべての面に顔を出したものを面心格子（face centred, 記号 F），三組ある側面の
うちの一組の中央に顔を出したものを底心格子（base centred, 一般記号 S，ただし (a, b) 面に出れば記
号 C で表記し，同様に B, A も可能）として，顔を出さない単純格子（primitive, 記号 P）と区別す
る．実格子ベクトル a, b, c が標準基底ベクトルと同じなのは単純格子だけで，他の格子でのベクトル
はどれも**基底ベクトルではない**のだから，そういった格子では点集合を表す係数に単純な分数が含ま
れることになる．格子系は七つあったが，"点" の現れ方でさらに分類すると格子型は全部で14種類
に増える．これらをブラベ格子型（Bravais types of lattices）と呼ぶ．菱面体格子型は当然ながらブラ
ベ格子型の一つであり，六方格子に取り直したときには原点の他にも単位胞中に "点" が二つ現れる
（図 3-3d）．なお，complex cell, complex lattice, lattice complex などにはどれもそれぞれ別の意味があ
るので，ブラベ格子型のうち単純格子でないものを「複合格子」と呼ぶのは避けるべきだろう．「非
単純格子」ならば間違いにはならないだろうから以降ではそう記すことにする．

格子型の表記には六つの結晶族記号（a, m, o, t, c, h：慣用単位胞の形で分類）と五つの格子型 [P, S
(A, B, C), I, F, R：標準基底は P と R のみ] とを組み合わせたものを使う．結晶族記号の割り当ては表
3-1 に整理した．また，「存在するが実際には採用しない」格子タイプを表 3-1 の括弧内に含めた．

・正方晶系の面心格子（記号 tF）が教科書に掲載されていないのは何故か？

・単斜晶系の体心格子（記号 mI）の図を描き，これと C 底心格子
（記号 mC）との等価性を示せ．

3.2.3. 結晶点群型，幾何結晶類，晶系，結晶族

3.2.3.1. 「格子」の対称性と「構造」の対称性

「格子」の対称性と「構造」の対称性はいささか紛らわしい．点集合の対称性を考える際には対
称中心は必ず見つかるし，原子配列を眺めたときに二回回転軸が見つからなくとも点集合に二回回転

軸が見つかることもある．基底ベクトルの長さがどれも等しくてすべて直交していればこれは立方格子と呼ぶべきだし，それは全く正しいのだが，これはその等価点に置いた"点"の実体が変な形の代物かどうかを気にしていないからである．

　ここで単位胞内の原子の種類や配列について気にしてみよう．まずは"点"を「何か丸くない実体」に交換してみる．立方格子の格子点にとりあえず仏像（statue）でも置いてみると[29]，この「仏像の結晶」は並進以外の対称要素をもっていないので，格子が立方格子であってもこの結晶は三斜晶系（第 3.2.3.3. 項）に分類すべきであろう．ここでの仏像とは単位胞内にある原子団分の散乱振幅を重ね合わせて一粒に押し付けた「仮想的な粒子」（第 2.1.3. 項）のことである．普段あまり意識しないが，「格子（＝点集合）のタイプ」と，「それがもつ対称性」と「結晶構造のもつ対称性」は体系として別なのである．紛らわしい状況，例えば単位胞内の原子配列に何ら規則性がないのに偶然 $a = b = c, \alpha = \beta = \gamma = 90°$ で立方晶系に見えるといったことはあって構わないが，そのときでも「仮想的な粒子」で代表させる散乱振幅のもつ対称性（回折線の空間分布と強度間の関係性）は立方晶系で生じ得る対称性に合わないのでそれとわかる．以降ではこれをもう少し詳しく述べる．

3.2.3.2. 結晶点群型

　七つの格子系から"点"も「何か丸くない実体」（＝原子の種類や配列）も取り払ってしまい，**平行六面体の形だけを残す**．その平行六面体がもっている対称性を最大限に探せば，それは何か一つの点群[30]に決まる．菱面体格子系であれば菱面体なので $\bar{3}m$ が（図 3-3c），正方格子系であれば正方立柱なので $4/mmm$ がその平行六面体のもっている対称性（点群）である．これらは格子点の配列がもつ対称性であり，格子そのものがもつ対称性でもある．この点群のことを「完面像」（holohedry）と呼び，格子系が七つあるのだから完面像も七つある．ここから対称要素を間引いていって格子の形を維持できるか検討し，維持に成功した組み合わせ（完面像の点群の部分群）を見比べて同じものを束ねると，それらは全部で 25 通りある（完面像と合わせて **32 の結晶点群型**[31]）．こうして得られた 32

---

29. お好みで Pikachu でもよい．

30. 図形（外形）一つに対して何かの移動操作を加えるとする．その前後で形に違いが生じない場合，その操作を対称操作と呼ぶ．ここでの対称操作に「その操作によって移動することがない点（写像の不動点）をもつ」という制約を付すと，それらは n 回回転，反転，鏡映，n 回回反（＝ n 回回転操作と鏡映操作の積，n 回回映に同じ）に恒等（何もしない）を加えたものである．それらは不動点を共通にするよう矛盾なく組み合わせることができて，それら組み合わせを対称操作の「群」と呼び，不動点の存在から上記の対称操作の組み合わせを「点群」と呼ぶ．一般論として n 回回転操作の n に制限がないため点群は無数にある．なお，「点集合を対象としているから点群」なのではない．

31. 結晶では原子配列についての並進対称を維持するという制約があるので，n 回の回転や回反の操作自体に留まらずそれらの可能な組み合わせも制限される．要素の向きが異なるものを別に数えると

64

の点群の対称操作はブラベ格子型で頂点以外に見つかる等価点を生むわけではないが，**それらの等価点間の関係性は満たしている**.

> 例1：二回回転軸と三回回転軸を含む点群
> 二回回転軸と三回回転軸が共存する様態は二つしかない．一つ目は両者が約54.7°で交わる場合で，このとき対称操作で発生した合計三本の二回回転軸は互いに直交し，三回回転軸は立方体の体対角方向になる．この二つの要素だけで格子を立方格子に限定してしまうのでこれは立方格子系の点群である．二つ目は両者が直交する場合で，これは三回回転軸を **c**，二回回転軸を **a** として格子を六方格子に限定してしまう．二回回転軸を禁止すると，でき上がった格子を上記二つの格子（のいずれか）に決めることができなくなり，生むことのできる格子は菱面体格子系のみになる．なお，二回回転軸と三回回転軸を上記以外の角度で交差させた場合には等価点の並進対称が壊れてしまう（結晶格子にならない）．

次に，**平行六面体すらも一旦忘れて，得られた32通りの結晶点群型だけ見る**．適当に傾いた面を一つだけ想像して，それが完面像の対称操作でどういう多面体を作るか想像する．三斜格子系と単斜格子系では多面体が閉じないが，それ以外はちゃんと空間を閉じる[32]．しかし，閉じた多面体を完成させるだけならここまで高い対称性は必要ないかもしれない．多面体を確実に閉じるために対称中心をもっているものを探すと直方格子系では完面像以外に見つからず，それ以外の四つの格子系では完面像の他に一つずつ見つかる（点群の表記には対称中心の有無が現れないので注意）．ただし，これら四つで湧く面の数は完面像の半分ずつになる．このためこれら四つを「半面像」(hemihedry)と称する．完面像以外の25をまとめて「欠面像」(merohedry)とも呼ぶ．

上ではそれぞれの「同じ格子系で」対称要素を間引いていったが，違う格子系の間に同様の相互関係はあるのだろうか？

> 例2：立方格子系と正方格子系（対称性を下げる方向）
> 立方格子系の三軸のうちの一つを伸ばす／縮めると正方格子系になる．点群操作で言えば三回回転軸を取り去り，延ばさなかった二軸に沿ってあった四回の回転対称を二回の回転対称に下げたことになる．

結晶で可能な点群は一旦136通りに減り [Nespolo, M., Souvignier, B (2009) *Z. Kristallogr.* **224**, 127-136]，要素の組み合わせだけを見ると全部で32通りの「結晶点群型」に減る．結晶点群型は結晶全体の原子配列について見つかる対称性を強く反映するが，後者には並進を含んだ操作が許されるため点群での対称操作が原子配列中にそのまま見つかるわけではない．

32. サボらずにちゃんと想像すること．

例3：立方格子系と六方格子系（対称性を上げる方向）

例1で述べたように三回回転軸に二回回転軸を適切に加えて立方格子を作る
ことができる．また，三回回転軸を六回回転軸に取り替えることで六方格子
系にすることもできる．しかし六回回転軸をもつ点群に何を加えても立方格
子を作ることはできない．

上記例2と3から，32の点群の間には点群 $m\bar{3}m$ （立方格子系の完面像）と点群 $6/mmm$ （六方格子
系の完面像）の二つを頂点とする「含む／含まれる」の関係があることと，一旦低い対称性を経由す
れば点群 $m\bar{3}m$ から点群 $6/mmm$ に変化できることが直感されるだろう[33]．

3.2.3.3. 構造振幅のもつ対称性と晶系，結晶族

最後に，七つの**単純格子の単位胞内の原子の種類や配列**について思い出す．単位胞内に原子が一
つだけあるとする．原子一つは球対称的だから，原子団としては無限大の対称をもつ．原子をどこに
置くかによって「単位胞内の原子の分布の対称性」は変わってしまうのだが，今はとりあえずそれを
格子点（単位胞の座標原点）に置く．すると結晶全体の原子配列の対称性は原子一つの対称（＝無限
大の対称）から各格子系の最大の対称（＝完面像の点群の対称）にまで下がる．この配列による構造
振幅の対称性を考えると，X線の回折は逆格子点でしか起こらないのだから，まず逆格子点の分布自
体が七つの完面像の点群の対称のどれかまで下がる．他に対称を下げる要素はないから[34]，構造振幅
がもつ対称性もまた完面像の点群の対称に従う．さて，化合物では原子は一つとはいかないので，第
2.1.3. 項に倣って基本構造を「仮想的な粒子」に代表させ，これを格子点に置いてみよう．この仮想
的な粒子の散乱能（＝基本構造の構造因子 G_{mix}：複素数）の K 空間分布はもはや球対称的ではない
し，それどころか原点の取り方次第で姿を変えるが（図 3-1），逆格子点での構造振幅だけを取り出
せば完面像の対称を保つかもしれない．しかし基本構造を変形させて対称を下げていくと，逆格子点
での構造振幅のもつ対称性はそれぞれの格子系で可能な欠面像の点群の対称へと下がる．つまり逆格
子点での構造振幅がもつ対称性は原子配列のもつ対称性を反映して 32 の結晶点群型のどれかに収ま
る．異常散乱効果が無視できるほどに小さいときには構造振幅の対称性として対称心が加わり，散乱
振幅の見かけの対称性は 11 のラウエ群の内のどれかまで上昇する．

構造振幅のもつ対称性が欠面像を超えてさらに下がったり，あるいは格子系の対称性と食い違っ
たりすると，構造振幅がもつ対称性が別の格子系に属するはずの点群にまで下がることがあり得る．
このような対称の低下は格子型を維持したままでも**実格子ベクトルの等価性の破れ**を生じる．上に挙
げた仏像（点群 "1"）の結晶は前者の例である．後者（格子と分子とが違う対称性をもっている場

---

33. *International Tables for Crystallography*, Vol. A, Section 10.3. を参照．

34. $|K|$ が等しければ，原子一つによる X 線の散乱能は常に同じ（第 1.2.2. 項，第 1.3.1. 項）．

合）の例として二次元の正方格子の格子点に正三角形の分子の重心を置いたものを図 3-3 に示す．正三角形の分子が正方格子を作って整列しているのであれば，回折線が観測されるような散乱ベクトルの先端位置は K 空間で逆格子ベクトルが作る正方格子の格子点になり，その位置は格子定数 a に，強度は図 3-3 で示した振幅の値に従う．K 空間全体を見たときに構造振幅が h の正負について対称なのは分子にも格子にも同じ向きの鏡面があるからで，k の正負について見られるのは複素共役の関係による偽の対称性である．

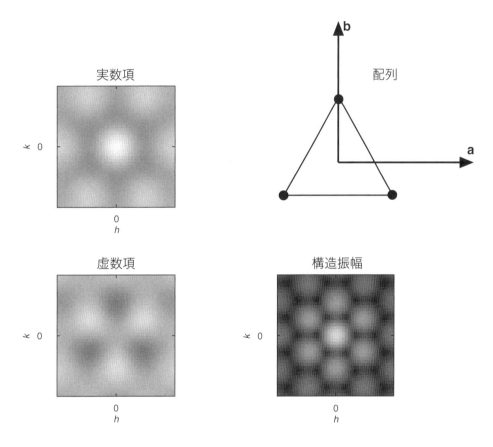

図 3-3．原点の周りに正三角形に配列した３個の炭素原子によって散乱される X 線の重ね合わせ G_{mix} の実数項，虚数項，絶対値（構造振幅）．**a** と **b** は直交し長さは等しい．実数項値と虚数項値は –25 〜 25，振幅値は 0 〜 25．

　上記の説明で「原子配列の対称性」が途中から「構造因子の対称性」にすり替わっているのは，実際の結晶構造の原子配列では平行移動を含んだ対称操作が可能であり，これが点群型では表現できないからである．晶系のくくりは格子型に基づくのではなく結晶点群型と幾何結晶類[35]に基づく分類

---

35. 結晶の外形もこれと同様の制約を受ける．なお，これは結晶外形に基づく分類なので，結晶点群型ではなく「32 の幾何結晶類」と呼ぶ（記号も同じ）．

で，このため三方格子系が存在しないのに三方晶系はある．図3-3で示したように，例えば正方晶系について $a = b$ とする説明は偶然に $a = b$ となることを許容しないので適切なものとは言えず，これは $\mathbf{a} \equiv \mathbf{b}$ と説明するべきだろう．同じ慣用単位胞を与える三方晶系と六方晶系をひとくくりにして六方とする分類が結晶族である．

　結晶族，晶系，格子系，ブラベ格子型，結晶点群型の関係を空間群の関係と合わせて表3-1に示す．

3.2.3.4. 実格子ベクトルの選択

　基底ベクトルの取り方についての原則は「三本が同一平面上にないこと」と「$\mathbf{a}, \mathbf{b}, \mathbf{c}$ の順に右手系に取ること」の二つであり，結晶の実格子ベクトルについての追加の規則は「ブラベ格子型のうちのどれかであって，それぞれのベクトルは可能な限り短いものであること」である．逆格子点の空間分布から標準基底ベクトルを探し出した後に適切なブラベ格子型を推定し[36]，これを構造振幅の対称性から確認すれば適切な晶系と三つの実格子ベクトルを決めることができる．現在普及している回折計と関連ソフトウエアではこの作業は自動化されているのでユーザーが迷うことはないだろう．晶系が立方晶系，正方晶系，六方晶系に属している場合には実格子ベクトルへの $\mathbf{a}, \mathbf{b}, \mathbf{c}$ の割り当て（セッティング）は一義的に決まる．その他の晶系について軸の取り方とセッティングの規則には歴史的な経緯や分野毎の慣例から任意性があるが，現在推奨されるものを表3-2に示しておく[37]．表3-1中の結晶点群の表記に用いられていたヘルマン - モーガンの表記法における対称要素の表記順も同じく表3-2に示す．

---

36. 既約格子からブラベ格子型の推定については以下の文献を参照するのが良い．

片山, 本田, 大場 (1990) 既約格子 - 構造解析における役割 -. 日本結晶学会誌 **31**, 289-294.

37. 一般論としては空間群を確定した後に *International Tables for Crystallography*, Vol. A に記載の「標準セッティング」を取る．このため，セッティングが一義的に決まらない晶系であれば結晶構造解析のプロセスの最後にはセッティングの再検討が必要になるだろう．「標準セッティング」の定義や軸の交換については *International Tables for Crystallography*, Vol. A を参照すること．

表 3-1. 格子系，結晶系，点群，空間群の関係

Crystal families, systems, lattices, point groups (= geometric classes) and space group types ： 結晶族，結晶系，格子系，結晶点群型（＝幾何結晶類）：と結晶空間群型

6 crystal families / 結晶族	7 crystal systems / 結晶系	7 lattice systems (formerly "Bravis Systems") / 格子系	14 Bravais types of lattices / 14 Bravais classes (= 14 Bravais "flocks of space group") / ブラベ格子型	11 Laue classes (Laue point groups with holohedry (= 7 "lattice" point symmetry))	32 point group types 結晶点群型（原子配列）(= 32 geometric crystal classes) （幾何結晶類（外形））	230 crystallographic space group types / 結晶空間群型
Cubic	cubic	cubic	• primitive: cP • body centred: cI • face centred: cF	$m\bar{3}m$ (holohedry) $m\bar{3}$ (hemihedry)	(left plus) $23, 432, \bar{4}3m$	36 group types
Tetragonal	tetragonal	tetragonal	• primitive: tP (base centred tC (= $tP \times 2$)) • body centred: tI (face centred: tF (= $tI \times 2$))	$4/mmm$ (holo.) $4/m$ (hemi.)	(left plus) $4, \bar{4}, 422, 4mm, \bar{4}2m$	68 group types
Orthorhombic	orthorhombic	orthorhombic	• primitive: oP • base centred: oC (= oA, oB) • body centred: oI • face centred: oF	mmm (holo.)	(left plus) $222, mm2$	59 group types
Monoclinic	monoclinic	monoclinic	• primitive: mP (base centred $mB = mP \times 2$) • base centred: mC (= $mA = mI$) ($mF = mI \times 2 = mC \times 2$)	$2/m$ (holo.)	(left plus) $2, m$	13 group types
Anorthic (triclinic)	anorthic	anorthic	• primitive: aP	$\bar{1}$ (holo.)	(left plus) 1	2 group types
Hexagonal	hexagonal	hexagonal	• primitive hex.: hP	$6/mmm$ (holo.) $6/m$ (hemi.)	(left plus) $6, \bar{6},$ $622, 6mm, \bar{6}2m$	27 group types
	trigonal	hexagonal / rhombohedral	• primitive hex.: hP • rhomboh. hex.: hR	$\bar{3}m$ (holo. for rhomboh.. hemi. for hexa.) $\bar{3}$ (hemi. for rhomboh.)	(left plus) $3, 32, 3m$	25 group types (rhombohedral axis choice is possible on 7 group types)
慣用単位胞の形に基づく分類 格子の対称と単位胞内の原子配列の対称のうち、低い方に引きつけられる	32 の結晶点群型に基づく分類	格子系では格子点の配列と、そこに見つかる対称性だけを見る（単位胞内の原子配列の対称性は考慮しない）	ブラベ格子型ではあえて既約格子（標準基底）より大きい箱を取ることがある。通常は整数倍で得られる箱（拓内に示す）は使われない	32点群のうち対称中心（反転中心）を持つもの 単位胞内の構造 (crystallographic pattern) の対称性を反映する。それが球一つなら7つの格子系での原点とその等価点に還元される。そのときの点群（最高対称）を完面像 (holohedry) と呼ぶ	対称中心を持たないもの	既約格子（標準基底）での crystallographic pattern が球なら14のブラベ格子に還元される。軸の取り替えによる違いは一つに束ねる

表 3-2. それぞれの晶系における慣用単位胞，推奨される a, b, c の取り方，ヘルマン‐モーガンの表記法での対称要素の記入順と方角

晶系	ベクトルの等価性と，点群から要求される軸間角（格子定数の未定要素）	a, b, c の取り方（右手系に取ること．対称性から規定されない場合には$a \le b \le c$を原則とする．）	ヘルマン‐モーガン記号の記入順と方角 1st	2nd	3rd
Anorthic (triclinic) 三斜晶系	$\mathbf{a} \not\equiv \mathbf{b} \not\equiv \mathbf{c}$ $(a, b, c, \alpha, \beta, \gamma)$	$60° \le \alpha < 90°, 60° \le \beta < 90°, 60° \le \gamma < 90°$ (type I cell) $90° \le \alpha \le 120°, 90° \le \beta \le 120°, 90° \le \gamma \le 120°$ (type II cell)（推奨）			
*Monoclinic 単斜晶系	1st setting: *c*-axis unique $\mathbf{a} \not\equiv \mathbf{b} \not\equiv \mathbf{c}, \alpha = \beta = 90°$ (a, b, c, γ)	点集合がもつ二回回転軸の方向を**c**の方向にする．$90° \le \gamma$			[001]
	2nd setting: *b*-axis unique $\mathbf{a} \not\equiv \mathbf{b} \not\equiv \mathbf{c}, \alpha = \gamma = 90°$ (a, b, c, β)	点集合がもつ二回回転軸の方向を**b**の方向にする．（推奨）$90° \le \beta$，底心格子であれば*C*底心格子（*mC*）とする．		[010]	
*Orthorhombic 直方晶系	$\mathbf{a} \not\equiv \mathbf{b} \not\equiv \mathbf{c}, \alpha = \beta = \gamma = 90°$ (a, b, c)	点集合がもつ二回回転軸の方向（直交する三方向）を基本並進ベクトルの方向とする．	[100]	[010]	[001]
Tetragonal 正方晶系	$\mathbf{a} \equiv \mathbf{b} \not\equiv \mathbf{c}, \alpha = \beta = \gamma = 90°$ (a, c)	点集合がもつ四回回転軸の方向を**c**の方向にする．**a**(≡**b**)は点集合がもつ二回回転軸のうち並進周期の短いほうに合わせる．	[001]	<100>	<110>
Hexagonal 六方晶系	$\mathbf{a} \equiv \mathbf{b} \not\equiv \mathbf{c}, \alpha = \beta = 90°, \gamma = 120°$ (a, c)	点集合の六回回転軸の方向を**c**の方向にする．点集合の二回回転軸のうち並進周期が短いほうを**a**(≡**b**)の方向とする．	[001]	<100>	<120>
Trigonal 三方晶系	六方格子系の場合 六方晶系に同じ	六方晶系に同じ．	[001]	<100>	<120>
	菱面体格子系について単位胞を六方晶系と同様（慣用単位胞）に取るとき 六方晶系に同じ	点集合の三回回転軸の方向を**c**の方向にする．単位胞内に現れる0,0,0の等価点が $\frac{2}{3},\frac{1}{3},\frac{1}{3}$ と $\frac{1}{3},\frac{2}{3},\frac{2}{3}$ に現れるようにする．(obverse setting)	[001]	<100>	
	菱面体格子系について菱面体を単位胞とするとき $\mathbf{a} \equiv \mathbf{b} \equiv \mathbf{c}, \alpha = \beta = \gamma$ (a, α)	単一の三回回転軸で結びつけられる三本の標準基底ベクトルを使う．	[111]	<1$\bar{1}$0>	
Cubic 立方晶系	$\mathbf{a} \equiv \mathbf{b} \equiv \mathbf{c}, \alpha = \beta = \gamma = 90°$ (a)	点集合がもつ四回回転軸の方向を基本並進ベクトルの方向にする．	<100>	<111>	<110>
	どの晶系に属するかは格子定数（数値：a, b, c）の等しさではなく基本並進ベクトル **a**, **b**, **c** の等価性で判断する． * 空間群の表記では対称要素が*International Tables for Crystallography*, Vol. A に記載の標準セッティングと合致するように**a**, **b**, **c**を割り振り，その後に$a \le b \le c$の原則に従うように軸の取り方（表記）を変えることがある．		[100] はベクトル1**a** + 0**b** + 0**c** の方角を，<120>はベクトル1**a** + 2**b** + 0**c** の方角およびそれと等価な方角すべてを指す． 単斜晶系について完全表記では空欄位置に"1"を記す．		

演習6

　結晶内の原子配列について仔細に調べたところ，図3-4 に示されるような対称性をもつ基本構造とその繰り返し様式が見つかった．紙面が (**a**, **b**) 平面であり，紙面に垂直に周期 c の単純な繰り返しがあるとする．これらについて，既約格子と慣用単位胞を探せ．

　左右は別の結晶についてのもので，左右別々に考える．左に描かれた記号は正三角形，右は単純な菱形で，その内側を何かが埋めているわけではない．**a**, **b** を紙面に書き込み，この結晶格子を表すのにどのブラベ格子が適しているのか考えること．

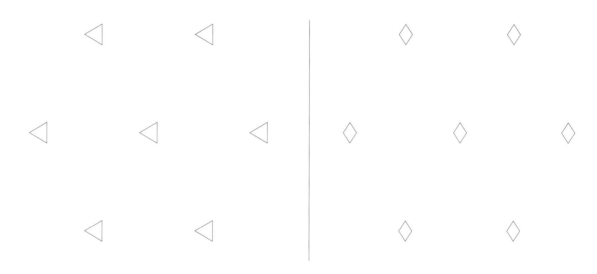

図 3-4.

演習6解説

　並進対称性だけを見れば最短の繰り返しは両方とも同じに見える（図3-5の上二つ）．これらが既約格子になる．どちらも横に走る実線上に紙面に垂直な鏡面がある．基本構造を表す小さな正三角形や菱形の内側は一様と捉えればよいので，右についてはそれぞれの小さな菱形（とそれらの中間点）に二回回転軸があるし，鏡面が縦に走っている．この鏡面を結晶軸に垂直に取ることで直方晶系であることが明確になる．図右下が直方晶系 C 底心格子（ブラベ格子 oC）．直方晶系についての $a < b$ の規則から a 軸と b 軸の取り方は図右下の通りになる．三次元では紙面と $c = 1/2$ の高さに鏡面があり，点群記号は $2/m\ 2/m\ 2/m \equiv mmm$ となる．紙面内の対称のみを考えたものは二次元点群や二次元空間群（平面群）と呼ばれ，前者の記号は $2mm$，後者は $c2mm$ と表記される．一方，図左上の配列を直方晶系にしてしまうと，小さな三角形の中心にある三回回転軸が無視されてしまう[38]．

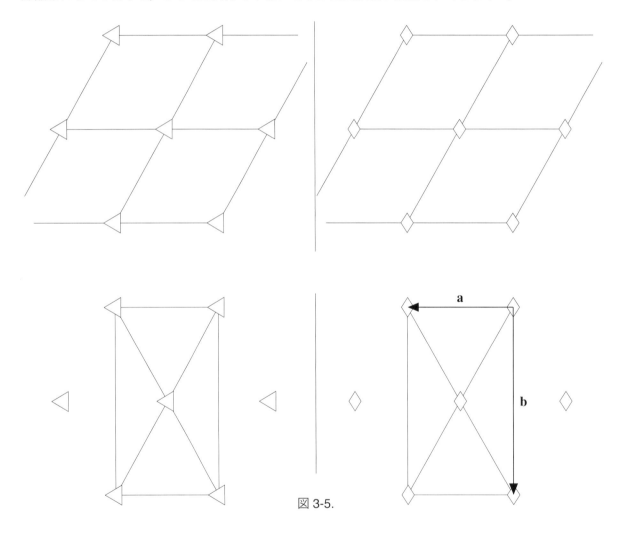

図 3-5.

38.「格子」系では△と◇の違いを考慮しないから，これを**直方格子系** C 底心格子と呼ぶのは間違いではない．また，これを「非慣用」単位胞と断った上で使うことも可能ではある (orthohexagonal cell. Fig. 5.8 in *International Tables for Crystallography*, Vol. A, 1996).

左の配列については，それぞれの小さな正三角形の中心に三回回転軸があるし，三つの小さな正三角形で作られる大きな三角形の中央にもまた三回回転軸がある．また，**(a, c)** 面は鏡面になっている．平面群では面内の対称中心（反転）と二回回転軸は考えないので記号は *p*31*m*（二次元点群 3*m*）である．しかし，小さな正三角形を三次元空間に置くなら **a** 上とその上の *c* = 1/2 の高さに二回回転軸があることと，小さな正三角形を貫くのが六回回反軸であることに注意する必要がある．左は結晶系としては六方晶系，点群 $\overline{6}2m$ で，ブラベ格子は単純六方格子（*hP*）である（図 3-6 左下）．

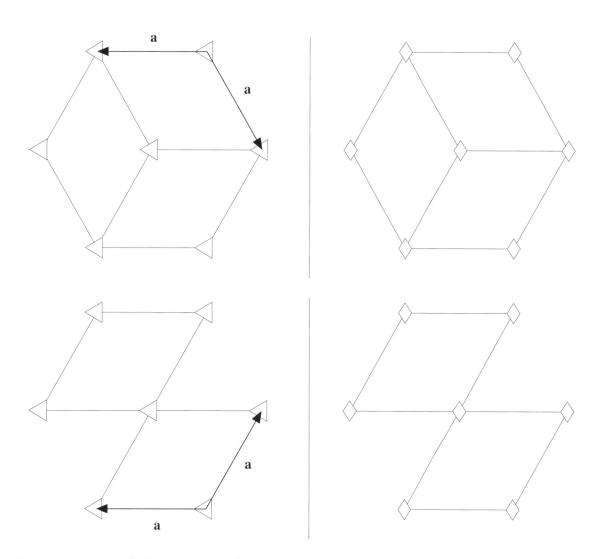

図 3-6．左上は三回対称性を強調した作図で，これは並進対称を適切に表現しておらず，結晶格子としては並進対称性を遵守した左下が正しい．右下は既約格子であり，直方の対称性を持つことがわかりにくい．右上図には正しい部分はない．

3.3. 消滅則と空間群

3.3.1. 空間群

点群では「原点を通る対称操作」しか使っていない．このような対称操作では三次元の原子配列中に不動点あるいは不動の線があって，操作が進むと結晶構造は元の配列に戻る．例えば，四回回反軸で関係づけられる四つの位置は，どれもこの軸上の回反点（不動点）から同じ距離にあり，この回反点は操作について不変である．ところが，現実の結晶ではこのような「不動点を伴って結晶構造をそれ自身に移す対称操作」の他に「並進（ずれ）を含んだ対称操作」というのが考えられるし，実際に存在する．例えば単斜晶系の C 底心格子（mC）でも直方晶系の C 底心格子（oC）でも原点と $x = 1/2, y = 1/2$ の点が等価なので既に $1/2\,\mathbf{a} + 1/2\,\mathbf{b}$ という並進対称操作を含んでいる．ずれていくのだから並進対称性を含んだ対称操作には不動点が存在しない．これらまで加えると対称操作の組み合わせは一気に 32 通り（点群）から 230 通り（空間群）に増える．

それぞれの空間群はどれか一つの点群に帰属するのはもちろんで，それぞれの点群はどれか一つの晶系に帰属する．さて，ここまでの考察ではブラベ格子型のうちの非単純格子は気にしていなかった．非単純格子が元々はより小さな既約格子をもっていることを思い出せば，それらの「小さな単位胞」内部の原子配列と，それら原子団の慣用単位胞中での配列に基づいた分類も可能なはずである．ほぼすべての点群が複数のブラベ格子で可能だったが，空間群はどれか一つのブラベ格子に帰属する．

さて，32 の点群までは格子点に置いた仮想的な粒子をどんどん変形させることで対応してきたが，ここから先はどう考察すればよいのだろうか．

3.3.2. 並進操作を含んだ対称操作

並進の必要性と結晶に当てはめる際の制約を整理してみる

1：「一つの点を動かさず結晶構造をそれ自身に移す対称操作」とは，例えば自形結晶の外形を作っている面の等価／非等価の関係を表すような操作のこと．そもそも結晶点群の概念自体が自形結晶の外形から結晶の対称性を理解するための道具として発明されている．

2：つまりこれらは「面（＝方向）」の間の関係を表すのには足りている．しかし残念ながら空間中の「位置」の間の関係を表すのには情報量が不足している．

3：結晶構造における $\mathbf{a}, \mathbf{b}, \mathbf{c}$ の並進対称性（旧来の結晶の定義）は厳守しなければならないから，$\mathbf{a}, \mathbf{b}, \mathbf{c}$ より短い並進を含んだ操作でもおのずと制限はある．例えばらせん軸（後述）でも五回回転はあり得ないし，短い並進を繰り返した結果は最終的に「隣の単位胞で」元の位置と等価な位置

に戻らなければならない．そしてその結果は元の単位胞中にも同様に見つからなければならない．

さて，並進対称性を含んだ対称操作には次の二つの種類がある（ただし映進面には色々ある）．

映進面

映進面は鏡面に並進を加えたものである．つまり，まず鏡面で反転させて，そこから特定のベクトル量だけ並進させる．鏡面と並進方向の組み合わせが沢山あるので混乱しないように．並進の方向と量は多数の可能性があるので，種類についてはすべて，並進に関わる面と並進方向＋並進量については代表的なものを以下に列記する

単純映進面（Axial glide plane）（一つから一つへ）

呼び方	並進方向と量（例）	面の向き（複数の可能性があることに注意）
a 映進面	1/2 **a**	[0 1 0] に垂直，あるいは [0 0 1] に垂直

他に b 映進面, c 映進面

二重映進面（Double glide plane. 底心，体心，面心のある場合のみ）（一つから二つへ）

e 映進面	1/2 **a** と 1/2 **b**	[0 0 1] に垂直

他に 8 通り

対角映進面（Diagonal glide plane）

n 映進面	1/2 **a** + 1/2 **b**	[0 0 1] に垂直
	1/2 (**a** + **b** + **c**)	[1 $\bar{1}$ 0] あるいは [0 1 $\bar{1}$] あるいは [$\bar{1}$ 0 1] に垂直
	1/2 (− **a** + **b** + **c**)	[1 1 0]に垂直

他に 4 通り

ダイヤモンド映進面（diamond glide plane. *oF*, *tI*, *cI* と *cF* のみ）

d 映進面	1/4 **a** ± 1/4 **b**	[0 0 1] に垂直
	1/4 (**a** + **b** ± **c**)	[1 $\bar{1}$ 0]に垂直

他に 7 通り

鏡面の向きには複数の可能性があるので図中に書き込まなければ正確に表現できない．菱面体格子で示される空間群では記号 c は六方格子系での c 軸を指すので注意すること．

点群での対称操作も含めた，空間群で可能な対称操作（すべての映進面を含む）とその表記は *International Tables for Crystallography*, Vol. A, Section 1.3. に，それらの図中への描き込み方は同 Section 1.4. で示されたように決められている．ここには再録しないので適宜参照されたい．

らせん軸

　らせん軸は回転軸とよく似ている．ただし，軸にそって回転させた後，軸方向に並進する．回転の方向と並進の方向は右ねじの関係にする．二回らせん軸であれば，その軸の方向への単位胞の繰り返し周期の半分だけ進行して，180° 回転させる（順序は逆でも同じこと）．例えばそのらせん軸が **a** に平行なら，進行の向きと量は 1/2 **a** である．三回らせん軸であれば，同じようにその軸の方向への単位胞の繰り返し周期の 1/3 だけ進行して，120° 回転させる．逆向きには回転させない！　格子の 2/3 だけ進行させて 120° 回転させれば結果的に逆向きに回転させたのと同じになる．前者を3_1，後者を 3_2 と書く．同じような操作は四回らせん，六回らせんでも可能で，4_1，4_2，4_3，6_1，6_2，6_3，6_4，6_5 がある．4_2 は二回回転軸とも二回らせん軸とも異なることを作図で確認しておこう．回転軸が紙面に対して斜めになっているときには，軸が高さゼロの面にぶつかる位置を黒丸で示す（*International Tables for Crystallography*, Vol. A, Section 1.4. (f)，例外あり）．そこから上に向かって生えていると見てもよい．

　映進面とらせん軸のうちの代表的なもののみをそれぞれ図 3-7, 3-8 に示す．

　　・例えば **c** 方向に 1/5 の並進と 60° の回転をもつ対称操作は考えられていない．それは何故か？

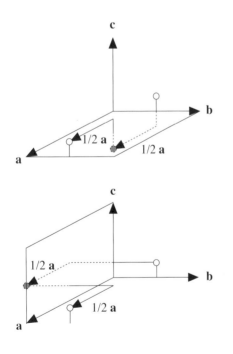

図 3-7．*a* 映進面．*a* 映進面は並進成分が 1/2 **a** のもので，鏡面として使う面には (**a**, **b**) 面と (**a**, **c**) 面の二つがあり得る．なので単に「*a* 映進面」と記すだけでは不足で，どちらなのかわかるように記述すること．
この対称操作で生まれる等価点（灰色）は鏡面対称の操作で反転していることに注意．これは単原子については問題にならないが原子群（分子など）では問題になり得る．

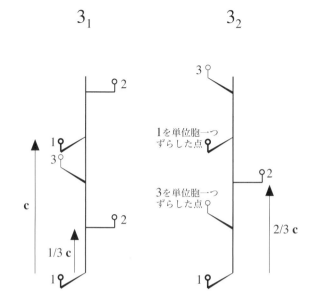

3_1 3_2

1を単位胞一つ
ずらした点

3を単位胞一つ
ずらした点

c

1/3 **c**

2/3 **c**

図 3-8. 三回らせん軸 3_1 と 3_2. どちらも進行方向は上向きで，まず右ねじに 120° だけ回転させる．次に，記号 A_B であれば並進周期の B/A だけ並進させる．3_2 では上下の単位胞に現れた等価点を元の単位胞の中に引き戻すので，結果的に左ねじで回転しているように見える．らせん軸自体は **a**, **b**, **c** から傾いていてもよい．ただしその場合に A で割るのはその方向への並進周期であって a, b, c のどれでもない．
どの点も反転していないことに注意．

3.3.3. 空間群の対称操作と構造振幅の対称性

　原子配列に二回らせん軸 "2_1" の対称性があるときには空間群の表記には当然 "2_1" が使われるが，このときに結晶点群型の記号に現れるのは "1" なのか，それとも "2" なのかを以下で確認する．

　単位胞の中央を 2_1 らせん軸が通るように単位胞を設定する（図 3-9）．これを **b** に平行に取れば，**a**, **c** の方向はらせん軸に垂直に取られる（ここでは **a**, **b**, **c** は図示しない）．この単位胞に原子を六つ置く．2_1 らせん軸があるのだから，単位胞の下半分に三つ，上半分に三つの原子があり，上半分での原子位置は下半分での原子位置をらせん軸の周りに 180° 回転させたものである．これらを散乱面（ベクトル k_0, k_1, K を含む面で，ここでは紙面に一致）に投影する．この散乱面内に二つの散乱ベクトル K_1, K_2 を置く．この二つのベクトルの間の関係は 2_1 らせん軸があたかも二回回転軸であるかのようなものである．

　さて，散乱因子 G_{mix} とは複素平面上で繋ぎ合わせた棒（原子の散乱能）の先端位置であった（図 1-3）．ここではどれも同種の原子だから，繋ぐ棒の長さはすべて同じである．原子 e1 から散乱ベクトル K_1 への射影点を p1 とすると，原点 O から p1 までの距離は $K_1 \cdot r_{e1}$ に比例（$\lambda = 1$ ならば一致）する．これは r_{e1} を一旦散乱面に投影した後であっても変わらず（第 1.2.4. 項），そしてこれは極座標系に置いた棒の位相角のことであった（1-19 式）．原点から p1〜6 までの距離はどれも異なるものの，box 1 から K1 への射影 p1〜3 の位置関係と box 2 から K2 への射影 p4〜6 の位置関係とは同じである（図 3-9a）．つまり e1〜3 が K_1 に与える三本の棒の接続 $G_{box1, K1}$ と e4〜6 が K_2 に与える $G_{box2, K2}$ は相似形であり，構造振幅は同一である．同じことが $G_{box1, K2}$ と $G_{box2, K1}$ の間にも起きる．

　2_1 らせん軸で等価になる二つの原子 e1 と e4 について考える．e1 の位置を K_1 に射影した点 p1 と e4 の位置を K_2 に射影した p4 を見比べると，p4 のほうが原点から遠くにある（図 3-9b 中の $\Delta1$）．こ

77

れは box 1 中の原子群から K_1 への射影の値と比べて box 2 中の原子群から K_2 への射影の値（正負があるので注意）のほうが一律に大きい（G_{box1,K_1} よりも G_{box2,K_2} の位相が若干先行する）ことを示す．次に G_{box1,K_2} と G_{box2,K_1} の位相を比較する．e1 から K_2 への射影と e4 から K_1 への射影は e1′ と e4 から K_1 への投影と同じものなので，こちらでは G_{box1,K_2} よりも G_{box2,K_1} の位相が若干先行することがわかり（図 3-9b 中の $\Delta 2$），かつ，これらの位相差の絶対値が同じであることがわかる．故に G_{box1,K_1} + G_{box2,K_1}（$= G_{\mathrm{mix},K_1}$）と G_{box1,K_2} + G_{box2,K_2}（$= G_{\mathrm{mix},K_2}$）の長さは等しくなる[39]．他のらせん軸や映進面についても同様のことが言える．構造振幅に対しては n 回らせん軸は n 回回転軸のように振る舞い，映進面はその面が鏡面であるかのように振る舞う．

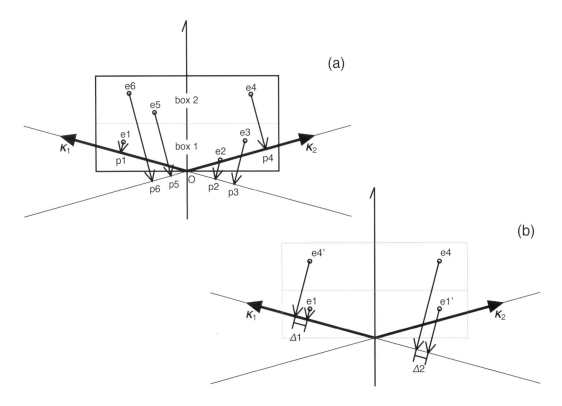

図 3-9．(a) 二回らせん軸をもつ単位胞中の原子配列を散乱面に投影したものと，らせん軸と同じ位置に置いた二回回転軸で関係づけられる二つの散乱ベクトル K_1, K_2．単位胞を box 1 と box 2 に分割すると，box 2 での原子配列の投影は box 1 での原子配列の投影を左右反転させたものになる．(b) e1 と e4 の左右反転位置にそれぞれ e1′, e4′ を置く．$\Delta 1$ は box 1 の原子群が K_1 に与える構造因子と box 2 の原子群が K_2 に与える構造因子（先行）の位相差に対応し，$\Delta 2$ は box 2 の原子群が K_1 に与える構造因子と box 1 の原子群が K_2 に与える構造因子（遅れ）の位相差に対応する．

---

39. 散乱ベクトル K の始点（逆格子の原点）は実空間のどこにあってもよいことを思い出そう．K_2 の始点を単位胞の中央に取って原子位置を射影し，K_1 については上の単位胞の box 1 と下の単位胞の box 2 の原子位置を射影する．両者は同じものになり，つまり構造振幅は同一である．そして K の始点（基準位相）の違いを反映する位相の違いが $\Delta 1$ に対応する．

演習7

以下の空間群（図3-10）について，一般等価位置を中央の列に，最終的に見つかるすべての対称要素を右の列に記入せよ．それぞれが単位胞一つ分を示す．**a**を紙面上の縦に，**b**を横に取る．

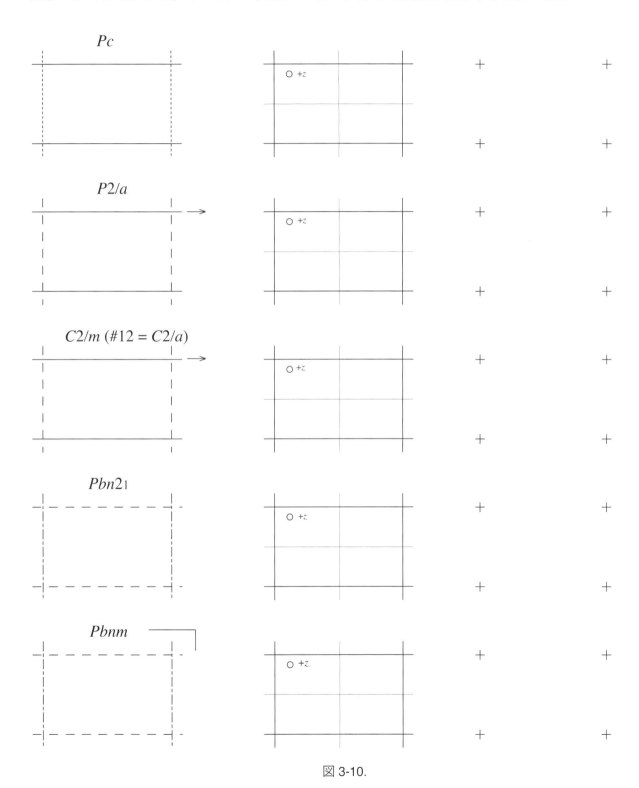

図 3-10.

*P*4₁

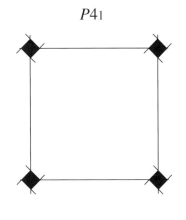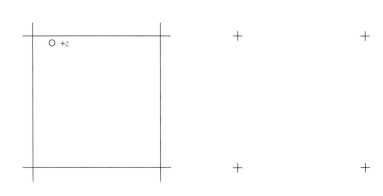

*P*4₂/*n* (#86)

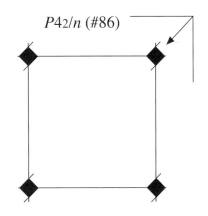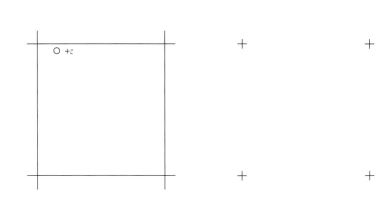

*P*3*m*1

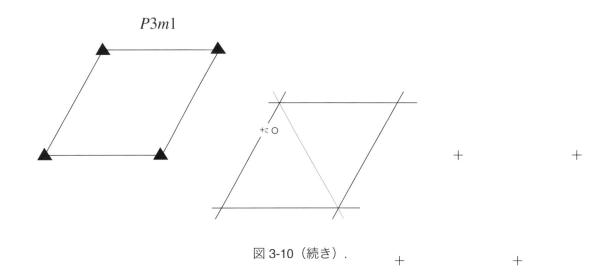

図 3-10（続き）.

演習7解説

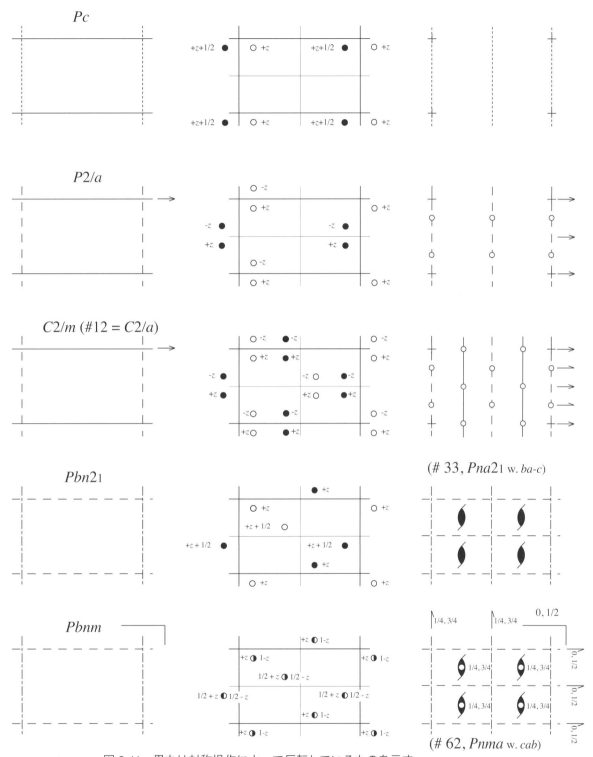

図 3-11. 黒丸は対称操作によって反転しているものを示す.
投影で同位置にあるものは半丸で示す.

81

*P*4₁

*P*4₂/*n* (#86)

*P*3*m*1

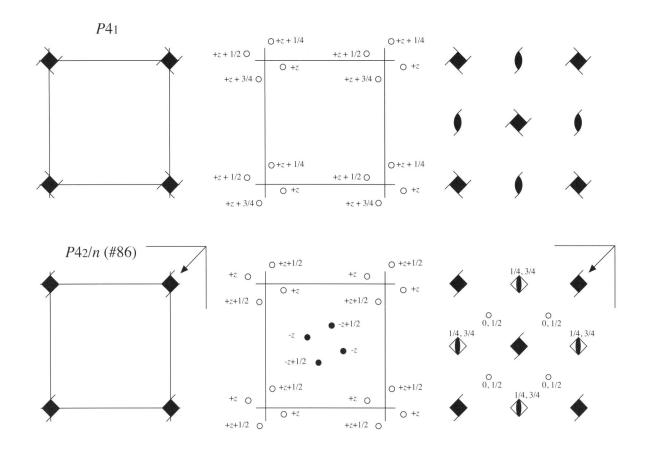
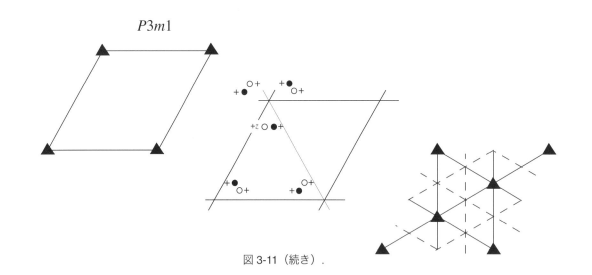

図 3-11（続き）.

82

3.3.4. 消滅則

結晶構造（原子の配列）の対称性がどのブラベ格子に対応するのか，すなわち三斜晶系の単純格子（aP）なのかそれとも単斜晶系のC底心格子（mC）なのか，あるいは立方晶系の体心格子（cI）なのか，どうすれば知ることができるのだろうか．$a^*, b^*, c^*, \alpha^*, \beta^*, \gamma^*$ を調べてやればとりあえず結晶系の目星は付くし，回折強度が示すはずの対称性まで確認すればラウエ群の判断は付くだろう．問題は「そこからどうやって前進するか」になる．見つかった結晶格子について，それが規約格子でない場合や原子配列が特定の対称性をもつ場合には特定の回折線指数について回折線が観測されなくなることを以下で説明する．

ブラベ格子型中の非単純格子と，それらの既約格子についてのラウエ関数から

演習6では直方晶系の原子配列についてC底心格子と既約格子との関係を見た．格子の取り方を変えたところで原子配列自体は同じなのだから，散乱振幅の$\boldsymbol{K}$依存性は同じである．既約格子では基本ベクトルを短く取っているから逆格子ベクトルは長くなり（図2-7），h, k, lが整数になる間隔は広くなる（図2-5）．単純格子だから消滅則はない．一方，C底心格子で考えれば，基本並進ベクトルを長く取っているのでh, k, lが整数になる間隔は狭くなる．そうなると逆格子点は密集することになって，C底心格子で考えたときにはh, k, lが全部整数になっているのに，既約格子で考えれば整数になっていない点というのが混じってくる．これらの点については散乱X線が出てこないから，あたかも散乱X線が消滅したように見える．こうして単純格子ではない格子では消滅則が発生する．当然のことながらこの消滅は逆空間（$\boldsymbol{K}$空間）全体に亘って起きる．これは既に図2-6で示した．

もう一つの例として面心立方格子（cF）について考えてみよう．結晶格子に基づくラウエ関数の衝立は $(\mathbf{a}, \mathbf{b}), (\mathbf{b}, \mathbf{c}), (\mathbf{c}, \mathbf{a})$ の各面に垂直だから，それらによる逆格子は結晶格子と似た形になることは簡単にわかる．$a = 1$ として $a^* = 1$ にしておこう．一方，cF の最短の並進ベクトルは原点から $(\mathbf{a}, \mathbf{b})$, $(\mathbf{b}, \mathbf{c}), (\mathbf{c}, \mathbf{a})$ の各面の中央に引いたものであり，長さは $\dfrac{1}{\sqrt{2}}$，これによる間隔 $\sqrt{2}$ の衝立が正方形の対角線のそれぞれに垂直に立つ．これら三組の衝立のうち，例えば$h, k, l = 1, 0, 0$ の点を通るのは一つだけ（この衝立は $\mathbf{a}^*$ 軸を丸ごと含んでいる）で，しかし残る二組も $2, 0, 0$ なら通る．そしてこれらの衝立の交点のうち原点に最も近いのは$h, k, l = 1, 1, 1$ である．こうしてでき上がる格子は体心立方格子になる．

回折線が消滅するhkl指数は「構造振幅はもっているがラウエ関数で潰されている」わけではない．ここで回折線が消滅する逆格子点は規約格子で決めた逆格子点のちょうど中間にあるので，そこでは規約格子で考えたときの散乱波が正相と逆相で重なる．つまり振幅をもたない．単純格子ではないものについて単位胞一つ分の$F(\boldsymbol{K})$を計算してみると，消滅するはずのhkl指数での構造振幅は確かにゼロになっている．

並進を含む特殊な対称性から

上で述べた消滅則は基本構造の中（単位胞中）に実格子ベクトルよりも短い並進を許してしまったのが原因なので，結晶格子が単純格子であれば，あらゆる逆格子点で散乱X線が観測できるはずである．そのはずなのだが，しかし，基本構造の原子配列に並進性を含む対称性（第3.3.2.項で扱った映進面とらせん軸）があると，単位胞内の原子だけ考えても互いに打ち消し合って散乱X線が外に出てこなくなることがある．面白いことにこの影響は逆空間全体には亘らずに，特定の方向に沿った（00 l など）あるいは特定の指数が0になった（h 0 l など）逆格子点の一群について現れる．

例としてらせん軸 3_1 とラウエ指数00 1を取り上げる．らせん軸 3_1 があるのだからこれは三方晶系で，このらせん軸は c に沿っているだろうことは直感できる．そこで単位胞を c に垂直に三等分し，p-cell1 $(0 \leq z < 1/3)$, p-cell2 $(1/3 \leq z < 2/3)$, p-cell3 $(2/3 \leq z < 1)$ とする．p-cell2 と p-cell3 の原子配列は c を軸にして p-cell1 の中身をそれぞれ $120°$ と $240°$ だけ回転したものである．さて，第1.2.4.項で述べたように散乱振幅の元になっているのはベクトルの内積 $K \cdot r_j$ であって，これは定性的には K への r_j の投影量であった．K が 3_1 と同じ方向を向いているとき，p-cell1, p-cell2, p-cell3 それぞれについての $\Sigma(K \cdot r_j)$ は同じになるので，内積 $K \cdot r_j$ しか見なければ Z 方向でのみ基本並進周期が $1/3$ に短縮されているように見える．このためラウエ関数の衝立の間隔は（Z 軸上でのみ）三倍に伸び，指数00 l は $l = 3n$（n は整数）でしか回折強度をもてない．もちろんこの「ベクトルの内積の周期性の短縮」は K と 3_1 の方向が同じ場合のみ生じるのであって，**他の方向ではこれによる消滅は起きない**．

上記は第2.2.3.1.項と同様にも説明できる．上記の例で指数00 1の回折線を観測しようとすれば，K は c^* に一致していてかつ c に平行であり，ある単位胞からの散乱波（重ね合わせ済み）と c に沿って隣りにある単位胞からの散乱波（重ね合わせ済み）は一周期分ずれて重なっているはずである．このとき三つの p-cell による散乱振幅は等しく位相はそれぞれが互いに $1/3$ 波長ずつずれている．$\cos(\theta) + \cos(\theta + 2/3\pi) + \cos(\theta + 4/3\pi) = 0$ であることから三つの p-cell による散乱波の重ね合わせが振幅をもたないことは明白で，同様の状況は $l = 2, 4, 5$ などでも確認できる．上記の考察は他のらせん軸でも同様である．

映進面であれば並進方向で「ベクトルの内積の周期性の短縮」が起きるので，特定の逆格子面内で回折線が消滅する．例えば直方晶系の構造中に c 映進面があると逆格子面 h 0 l（映進面が (010) のとき）あるいは 0 k l（映進面が (100) のとき）上でのみ l の衝立の間隔が二倍になる．これは，それぞれの逆格子面内にある K に対して映進前の原子配列（基本構造の半分）の位置ベクトルを投影したものと映進で繰り返された後の原子配列の位置ベクトルを投影したものが同一だからである．

特殊位置から（一般位置の欠落から）

単位胞中の原子はどれも対称要素を避けているわけではなくて，並進を含まない対称要素の上に乗っていることがある．そもそも原子配列に対称性が生まれるのは近隣の原子との結合軌道（あるい

は波動関数）に対称性があるからで，例えば炭素原子が$sp3$混成軌道を使って近隣と結合しているダイヤモンドであれば，鏡面，二回回転軸，三回回転軸，四回回反軸などが炭素原子の位置を通っていても不思議ではなかろう．したがって，そこに原子がいるかどうかは抜きにして，原子の座標を「その位置をどのような対称要素が通っているか」で分類することができる．分率座標に対して対称要素による制約が掛かっていない位置を「一般位置」，何かしらの制限が掛かっている位置を「特殊位置」と呼ぶ[40]．例えば原子位置を二回回転軸上に取るなら原子の座標値をその回転軸上から外すことはできない．また，特殊位置も要素の種類と多少で細分される（ワイコフ (Wyckoff) 記号：一般位置も含む）．特殊位置だけを考慮に入れたときには各原子からの散乱波の足し合わせがゼロになる機会が増えてしまい，追加の消滅則が現れることがある．そしてこのとき，もしも一般位置にも原子があったとすると，この消滅則に当てはまる回折線には一般位置にある原子からの寄与しかない．*International Tables for Crystallography*, Vol. A には特殊位置と追加の消滅則の関係が各空間群毎に記入されている．

　どの指数の反射がどの方向についてどのような規則性をもって消えているか調べれば，このような対称性を逆引きできるだろう．230通りの空間群のそれぞれについてどのような消滅則が見つかるかは既に導かれているので，いくつかの空間群は観測された消滅則から自動的にわかる．

演習8

A. 以下の三つの物質について，結晶構造因子の一般形 $F(hkl)$ を求め，あれば消滅則を見つけよ．Z は単位胞内に化学式いくつ分の原子が詰まっているのかを表す数字．原子の座標は独立なもののみ書いてある（等価位置の座標は省略してある）ので，原子が下記の位置以外にもあるかどうかよく検討すること．W はブラベ格子の「何か丸いもの」が原子とちょうど対応しているのであまり悩む必要はない．ZnS はよく考えないとわからないのでよく考えること．

　　　CsCl: 単純立方格子 cP，$Z = 1$，原子位置 Cs: (0, 0, 0); Cl: (1/2, 1/2, 1/2)

　　　W: 体心立方格子 cI，$Z = 2$，原子位置 W: (0, 0, 0)

　　　ZnS: 面心立方格子 cF，$Z = 4$，原子位置 Zn: (0, 0, 0); S: (1/4, 1/4, 1/4)

B. 体心格子，底心格子（A 底心，B 底心，C 底心），面心格子について消滅則をまとめよ．

---

40. ある座標値が一般位置なのか特殊位置なのかは，その原子位置に対して対称操作を施した際にその原子位置が再度現れるかどうかで決まる．ある座標値を二回回転軸が貫いているならこの座標値は再度現れるし，値には制約が掛かるだろう．二回らせん軸 2_1 では原子位置が並進するので，この軸上に原子位置があったときでもこの座標が再度現れることはない．故に原子位置を偶然 2_1 が通っていても特殊位置とは言わないし，分率座標に制約が掛かることもない．

演習8解説

A. 結晶構造因子と消滅則

CsCl

単位胞中にある Cs の座標値は $(0, 0, 0), (1, 0, 0), (0, 1, 0), (0, 0, 1), (1, 1, 0), (1, 0, 1), (0, 1, 1), (1, 1, 1)$ の八つ，Cl の座標値は $(1/2, 1/2, 1/2)$ の一つ．ただし原点およびその等価点にある Cs 原子の寄与はそれぞれ 1/8 に過ぎない．このときの $F(hkl)$ は次式で示される．

$$F(hkl) = \frac{1}{8}\Big[f_{Cs}\times\exp\{2\pi i(0)\}\Big] + \frac{1}{8}\Big[f_{Cs}\times\exp\{2\pi i(h)\}\Big] + \frac{1}{8}\Big[f_{Cs}\times\exp\{2\pi i(k)\}\Big] + \frac{1}{8}\Big[f_{Cs}\times\exp\{2\pi i(l)\}\Big]$$

$$+ \frac{1}{8}\Big[f_{Cs}\times\exp\{2\pi i(h+k)\}\Big] + \frac{1}{8}\Big[f_{Cs}\times\exp\{2\pi i(h+l)\}\Big] + \frac{1}{8}\Big[f_{Cs}\times\exp\{2\pi i(k+l)\}\Big] + \frac{1}{8}\Big[f_{Cs}\times\exp\{2\pi i(h+k+l)\}\Big]$$

$$+ f_{Cl}\times\exp 2\pi i\left(\frac{1}{2}h+\frac{1}{2}k+\frac{1}{2}l\right)$$

$$= \frac{1}{8}f_{Cs}\times 8 + f_{Cl}\times\exp 2\pi i\left(\frac{1}{2}h+\frac{1}{2}k+\frac{1}{2}l\right)$$

$$= f_{Cs} + f_{Cl}\times\exp 2\pi i\left(\frac{1}{2}h+\frac{1}{2}k+\frac{1}{2}l\right)$$

$$= f_{Cs} + f_{Cl}\times\Big[\cos\pi(h+k+l)+i\sin\pi(h+k+l)\Big]$$

$$= f_{Cs} + f_{Cl}\times\cos\pi(h+k+l)$$

$$= f_{Cs} + f_{Cl} \; (h+k+l = \text{even}) \text{ or } f_{Cs} - f_{Cl} \; (h+k+l = \text{odd}). \tag{3-801}$$

上式中では指数関数部を展開したが，そうしなくとも h, k, l が整数であれば位相角は π ラジアンの整数倍であり，このとき指数関数部が取り得る値は ± 1 の 2 通りしかない（図 1-3）．

W

W の座標値は $(0, 0, 0), (1, 0, 0), (0, 1, 0), (0, 0, 1), (1, 1, 0), (1, 0, 1), (0, 1, 1), (1, 1, 1)$ の 8 カ所に加えて $(1/2, 1/2, 1/2)$ の 9 カ所．原点およびその等価点にある W 原子の寄与は 1/8 ずつで，それらを原点にある原子で代表させることができることを CsCl の例で示した．故に $F(hkl)$ を次式で簡明に示すことができる．

$$F(hkl) = f_W + f_W\times\exp 2\pi i\left(\frac{1}{2}h+\frac{1}{2}k+\frac{1}{2}l\right)$$

$$= f_W + f_W\times\Big[\cos\pi(h+k+l)+i\sin\pi(h+k+l)\Big] \tag{3-802}$$

$$= f_W + f_W\times\cos\pi(h+k+l)$$

$$= 2\times f_W \; (h+k+l = \text{even}) \text{ or } f_W - f_W = 0 \; (h+k+l = \text{odd}).$$

指数関数部を複素平面上（円周上）の点として想像できれば上式を展開する必要はないだろう．

ZnS

Zn の座標値は (0, 0, 0), (1, 0, 0), (0, 1, 0), (0, 0, 1), (1, 1, 0), (1, 0, 1), (0, 1, 1), (1, 1, 1) の八つに面心格子の対称操作 [(x, y, z) + (1/2, 1/2, 0), (1/2, 1/2, 1), (1/2, 0, 1/2), (1/2, 1, 1/2), (0, 1/2, 1/2), (1, 1/2, 1/2)] の六つを加えた 14．ただし前者八つは原点にある Zn で代表させる．S の座標は (1/4, 1/4, 1/4) に上記の対称操作を加えた七つ，ただし隣の単位胞に移るものがあるので考慮すべきは四つのみになる．このときの $F(hkl)$ は次式で示される

$$
F(hkl) = f_{Zn} +
\begin{bmatrix}
\frac{1}{2}f_{Zn} \times \left\{ \exp 2\pi i \left(\frac{1}{2}h + \frac{1}{2}k \right) \right\} + \frac{1}{2}f_{Zn} \times \left\{ \exp 2\pi i \left(\frac{1}{2}h + \frac{1}{2}k + l \right) \right\} \\
+ \frac{1}{2}f_{Zn} \times \left\{ \exp 2\pi i \left(\frac{1}{2}h + \frac{1}{2}l \right) \right\} + \frac{1}{2}f_{Zn} \times \left\{ \exp 2\pi i \left(\frac{1}{2}h + k + \frac{1}{2}l \right) \right\} \\
+ \frac{1}{2}f_{Zn} \times \left\{ \exp 2\pi i \left(\frac{1}{2}k + \frac{1}{2}l \right) \right\} + \frac{1}{2}f_{Zn} \times \left\{ \exp 2\pi i \left(h + \frac{1}{2}k + \frac{1}{2}l \right) \right\}
\end{bmatrix}
$$

$$
+ \begin{bmatrix}
f_S \times \exp \left\{ 2\pi i \left(\frac{1}{4}h + \frac{1}{4}k + \frac{1}{4}l \right) \right\} + f_S \times \exp \left\{ 2\pi i \left(\frac{3}{4}h + \frac{3}{4}k + \frac{1}{4}l \right) \right\} \\
+ f_S \times \exp \left\{ 2\pi i \left(\frac{3}{4}h + \frac{1}{4}k + \frac{3}{4}l \right) \right\} + f_S \times \exp \left\{ 2\pi i \left(\frac{1}{4}h + \frac{3}{4}k + \frac{3}{4}l \right) \right\}
\end{bmatrix}
$$

$$
= f_{Zn} \times \left[1 + \left\{ \exp 2\pi i \left(\frac{1}{2}h + \frac{1}{2}k \right) \right\} + \left\{ \exp 2\pi i \left(\frac{1}{2}h + \frac{1}{2}l \right) \right\} + \left\{ \exp 2\pi i \left(\frac{1}{2}k + \frac{1}{2}l \right) \right\} \right]
$$

$$
+ \left[f_S \times \exp \left\{ 2\pi i \left(\frac{1}{4}h + \frac{1}{4}k + \frac{1}{4}l \right) \right\} \right] \times \left[1 + \exp \left\{ 2\pi i \left(\frac{1}{2}h + \frac{1}{2}k \right) \right\} + \exp \left\{ 2\pi i \left(\frac{1}{2}h + \frac{1}{2}l \right) \right\} + \exp \left\{ 2\pi i \left(\frac{1}{2}k + \frac{1}{2}l \right) \right\} \right]
$$

$$
= \left[f_{Zn} + f_S \times \exp \left\{ \pi i \left(\frac{1}{2}h + \frac{1}{2}k + \frac{1}{2}l \right) \right\} \right] \times \left[1 + \left\{ \exp \pi i (h + k) \right\} + \left\{ \exp \pi i (h + l) \right\} + \left\{ \exp \pi i (k + l) \right\} \right]
$$

$$
= 4 \times \left[f_{Zn} + f_S \times \exp \left\{ \pi i \left(\frac{1}{2}h + \frac{1}{2}k + \frac{1}{2}l \right) \right\} \right]. \qquad \text{(when } hkl \text{ are all odd or all even)}
$$

(3-803)

下から二行目の右項を見る．h, k, l が整数という条件があるので各要素が取る値は ±1 に限られ，すべてが偶数，あるいはすべてが奇数の場合のみ 4，しかし奇数と偶数が混在すると全体がゼロになる．このときの消滅則は "hkl all odd or all even" あるいは "$h + k = 2n$ and $h + l, k + l = 2n$" と書かれる[41]．

次に最下行の f_S に掛かる指数関数部を見る．h, k, l がすべて偶数であれば指数関数部は ±1，すべて奇数であれば ±i になることはすぐにわかる．これらは以下のように整理される：

---

41. 「消滅則」という名前なのに教科書中には「回折線が観測されるための条件」が表記される．注意すること．

$$F(hkl) = \begin{bmatrix} 4\left(f_{Zn} + f_S\right) & (hkl \text{ all even and } h+k+l = 4n) \\ 4\left(f_{Zn} - f_S\right) & (hkl \text{ all even and } h+k+l = 4n+2) \\ 4\left(f_{Zn} + i\,f_S\right) & (hkl \text{ all odd and } h+k+l = 4n+1) \\ 4\left(f_{Zn} - i\,f_S\right) & (hkl \text{ all odd and } h+k+l = 4n+3) \end{bmatrix}. \qquad (3\text{-}804)$$

通常ここまで解析する必要はないが，ここでは特に**結晶構造因子は指数間の関係で束ねられる**点に注目すること．ここで束ねられた回折線の振幅は原子散乱因子の減衰と相似形で減衰していくだろう．

さて，Zn と S の両者に適用された対称操作が全く同じであることが忘れられがちなのだが，S のみを抽出した構造と Zn のみを抽出した構造を比較すると，これらは単に原点位置が違うだけで配列は全く同じである．合成波の位相はともかくとして，合成波の振幅を考える上では原点がどこにあるかは関係がない，つまり片方が消滅する際にはもう一方も同時に消滅する．3-803 式で消滅則を表す部分を f_{Zn} と f_S から分離できたのは偶然ではなく必然ということになる．

B. 消滅則

上の考察に基づけば，体心格子についての消滅則は上記 W についてのものと同じ，面心格子についての消滅則は上記 ZnS についてのものと同じである．底心格子については f_{atom} を $(x, y) = (0, 0)$ と $(1/2, 1/2)$ の 2 カ所に置いた構造について上記 A と同様の考察をすれば得られる．

3.3.5. 座標原点の選択

ここまでで実格子ベクトルとそのセッティングが決まったとする．次に決めるのは原子配列についての座標原点である．

空間群毎の原点の決め方

International Tables for Crystallography, Vol. A で使われている座標原点の選択に関する一般則は以下の通りである．

(i) 対称中心をもつ空間群については，原子が実際にある位置のうち最も対称性が高い位置（より高次の対称要素がより沢山通る位置），もしもその位置に対称中心がなければ対称中心の位置．*International Tables for Crystallography*, Vol. A では前者と後者がそれぞれ "Origin choice 1" と "同 2" として掲載されている．

対称中心をもたない空間群については以下の二つの規則がある

(ii) 空間群 $P2_12_12_1$ については三組の 2_1 のらせん軸によって囲まれた位置（らせん軸上ではない）．この位置の選択は空間群の部分群に $P2_12_12_1$ をもつ立方晶系の空間群（空間群 $P2_13$, $I2_13$, $F4_132$）でも成り立っている．また，同じく部分群に $P2_12_12_1$ をもつ直方晶系と立方晶系の空間群（$I2_12_12_1$, $P4_332$, $P4_132$, $I4_132$）では，他に席対称の高い原子位置があるにも関わらずこの位置が原点に取られる．

(iii) 上記 (ii) 以外であれば原子が実際に占める原子席のうち最も対称性の高い位置．もしも回転対称軸や鏡面上に原子がなければ，らせん軸あるいは映進面ができるだけ沢山通る位置．

実際の原子配列における原点の決め方

原子位置の席対称を *International Tables for Crystallography*, Vol. A での記載に整合させることで多くの場合に原点は自動的に決まる．なお原点の位置に任意性が残る場合には，単位胞内のうちの非対称単位を抜き出し，その中で実際に原子が占めている位置の分率座標値に基づいて原点を決めることが提唱され一般に用いられている．これは i 個の原子位置について $\Sigma (x_i^2 + y_i^2 + z_i^2)^{1/2}$ を最小にする点が座標原点として適切であるとするもので，これを自動化するプログラム "STRUCTURE TIDY" は広汎に使われている．詳細は本書の目的から外れるのでここでは述べない．これについてより詳しく知りたいならば原著論文[42]と *International Tables for Crystallography*, Vol. A を参照すること．

---

42. Pathé, E. & Gelato, L.M. (1984) The Standardization of Inorganic Crystal-Structure Data. *Acta Crystallographica* **A40**, 169-183. Gelato, L.M. & Parthé, E. (1987) *STRUCTURE TIDY* - a computer program to standardize crystal structure data. *Journal of Applied Crystallography* **20**, 139-143.

4. フーリエ変換

4.1. 予備知識

2008年頃の ja.wikipedia.org には，「調和解析において重要な役割を演じるフーリエ変換（Fourier transform）は，関数変換を行う線型作用素の一種である．フーリエ変換は関数をその周波成分の連続スペクトルに分解すること，同様にフーリエ逆変換は連続スペクトルから関数を復元することによってそれぞれ定まる」と書いてあった．フーリエ変換はフーリエが熱伝導方程式を解くために導入したフーリエ級数が出発点なのだそうだが，平たく言うと何かよくわからない値の分布，つまり「関数とはいえ式になっていなくてもよくて，とりあえず位置 x と，そこでの値 $f(x)$」を波長の違う正弦波と余弦波の重ね合わせと見なして，「この角速度（変数 k）のものがこのくらいの割合（大きさ，値 $\alpha(k)$）で含まれている」と表現するものである．このような変換が可能かどうかを議論するのは本書の目的から外れるので，その辺りは数学の教科書に任せる．さて，正弦／余弦関数は 2π を周期とした周期関数だから，変換される側の関数が周期的であればわかりやすくて，式も和の形で書ける（元の関数より長い周期の三角関数は必要ないし，足し合わせに使う三角関数の周期は変換される側の周期の整数分の一のものだけで足りて，しかもそれらの他の成分はない：有限フーリエ級数を使った変換）．実際には，元の関数に周期性がなくても変換はできて，このときは積分の形で書く（つまり無限フーリエ級数を使わないと変換できない）．この変換を使えば，特定の周期成分を取り出すことができる．たとえば，高調波ノイズのような極端に波長の小さいものや電源電圧の変動のように極端に波長の長いものは，一旦変換した後に両端を切り捨ててから再変換すれば取り除くことができるだろう．ここではフーリエ変換の数学の詳細に踏み込むことはせずに，その使い道だけを見る．**具体的には一旦変換されたものを元に戻す作業である．**

4.2. 結晶構造因子と電子密度分布

フーリエ変換と呼ばれている変換の一般式は次のようなものである（普通の教科書とは x と k を取り替えてある）

$$\alpha(x) = \frac{1}{\sqrt{2\pi}} \int_{-\infty}^{\infty} f(k) \exp\{-ikx\} dk. \tag{4-1}$$

指数関数部が複素平面上での円運動を表すことは既に図 1-2 に示した．変換した物を元に戻す（逆変換）式は，指数関数部の符号を逆にしたものになっている．つまり指数関数部は共役複素数の関係にある：

$$f(k) = \frac{1}{\sqrt{2\pi}} \int_{-\infty}^{\infty} \alpha(x) \exp\{ikx\} dx. \tag{4-2}$$

元に戻るから 4-1 式は「正変換」，4-2 式は「逆変換」の名前で呼ばれる．変換作業としてはどちらも同じであることは自分で確認すること．さて，逆変換（4-2 式）について説明すると，変数は x と k の二つあり，上記の文章に即して説明すれば逆変換前の値の分布は X 空間にあって（要するに横軸が X 軸で），x が「位置」であり $\alpha(x)$ がそこでの「値」である．逆変換後の値の分布は K 空間にあって，k は正弦関数と余弦関数の「変化速度，あるいは波長の逆数」，$f(k)$ がその成分の「大きさ」（極座標表示したときの r：図 1-2）となる．

少し遡って，結晶構造因子の一般式を見直してみる．

$$F(hkl) = \sum_j \left[f_{\text{atom},j} \times \exp\left\{ 2\pi\, i\left(hx_j + ky_j + lz_j \right) \right\} \right]. \tag{4-3 = 2-11}$$

この式をさらに遡ると，元々は 1-29 式であった．1-29 式では原子の位置や結晶の並進対称性はまだ盛り込まれていない．f_{sample} は入射方向と観測方向で決まる散乱ベクトル K の関数だったので，1-29 式を偏執狂的に書くと

$$f_{\text{sample}}(K) = \int_{\text{sample}} \rho\left(r_{\text{sample}} \right)_{\text{sample}} \exp\left\{ 2\pi i\left(K \cdot r_{\text{sample}} \right) \right\} dr_{\text{sample}} \tag{4-4 = 1-29}$$

である．4-2 式と 4-4 式はよく似ていて，違いはスカラー積がベクトルの内積になっていることと，積分の外側の定数項の有無のみである（4-2 式での k は 2π を成分として含んでいるので，指数関数部の内容は全く同じ）．要するに **X 線を照射すると結晶は電子密度分布のフーリエ逆変換形を強度の平方根として我々に教えてくれる**．重要なのは以下の三点．

1：とにかく $F(hkl)$ から $\rho(r)$ への逆算をやりたい．

2：ところで，4-4 式での指数関数の中が K と r の掛け算（内積）になっているので，$f_{\text{sample}}(K)$ は $\rho(r)$ のフーリエ「逆変換」になっている．

3：このとき，元の電子密度分布（凹凸）の情報が散乱ベクトル K の長さの逆数を周期とした三角関数（結晶ならば逆格子点の数だけある）に分解されている．これらはまるで K の方向に波長 $1/K$ で沸き立つ波のようでもある．

試料が結晶であれば $f_{\text{sample}}(K)$ とは $F(K)_{\text{crystal}}$ すなわち $F(hkl)$ のことで，2-7 式に示した通りこれは $f_{\text{cell}}(K)$ とラウエ関数成分との積である．上の 2 と 2-7 式より，$F(hkl)$ を適切にフーリエ「正変換」すれば単位胞中の電子密度分布 $\rho(r)_{\text{cell}}$ を計算できるはずである．$f_{\text{cell}}(K)$ を与える積分は 2-7 式から 2-8 式を経て 2-11 式で既に単純なスカラー積とそれらの和に書き換えてあるので，これをそのまま使って次式で変換を行う

$$\rho\left(r_{xyz} \right) = \frac{1}{S} \int f(K)_{\text{cell}} \exp\left\{ -2\pi i\left(K \cdot r_{xyz} \right) \right\} dK$$
$$\equiv \frac{1}{S} \sum_h \sum_k \sum_l F(hkl) \exp\left\{ -2\pi i\left(hx + ky + lz \right) \right\}. \tag{4-5}$$

h, k, l は離散的（飛び飛びの値を取る）なので積分ではなく和で書く．S は単位胞の体積．算出される数値は散乱能の密度（$e/\text{Å}^3$）で，例えば原子位置について計算するとその原子がもつ電子数より大きくなることもある．これを単位胞について適切に積分すると単位胞中の電子数に一致する…というより一致するまで繰り返し $F(hkl)$ の実測値一覧表に戻って，全部を一律に伸ばしたり縮めたりする必要があるだろう（スケール因子[43]）．また，これを原子位置の周囲で適切に空間積分するとその原子に強く束縛されている電子数に一致する．

　いくつか引っかかる点がある．まず（1）ラウエ関数の制約があるので，$f(K)_{\text{cell}}$ のうち h, k, l が全部整数という特殊な条件（$K = H_{hkl}$）の箇所でしか観測できない．そのため，電子密度分布 $\rho(r)$ から $F(K)$ へのフーリエ「逆変換」は $-\infty$ から $+\infty$ までできているのに，$\rho(r)$ を求める「正変換」では積分ではなく飛び飛びの足し合わせになる．これでは不完全ではないのか？　実はこれはこれで構わない．何故かというと，元々の電子密度分布に周期性があるせいで，その周期の整数分の一になっていない成分が存在しないのである（有限フーリエ級数を使った変換）．回折強度を観測する上での制約に見えたラウエ関数自体がその証明に当たる．例えば結晶の並進対称性のせいで **a***, **b***, **c*** より短い K（つまり **a**, **b**, **c** より長い周期をもつ成分）を考える必要がないことは直感できるだろう．（2）しかし K の長いほうにも $2/\lambda$ という上限があるので（図1-10 参照），使う X 線の波長が長いと級数和に短周期の情報を入れ込むことができず，寝ぼけたような電子密度分布しか描けない．（3）おまけに**観測では $F(hkl)$ の絶対値（構造振幅）しかわからず，基準波との位相差割合まではわからないので観測しただけでは計算のしようがない**．もし $F(hkl)$ の相互間の位相差がわかれば，後は基準となる位相（これはつまり座標原点を決めるのと同じ）をどこかに固定してやればフーリエ変換しただけで原子位置は自動的に出てくる．X 線結晶学では「構造（原子配列）を解く」と言わずに「位相を付ける」と言うことがあるが，それはどちらも同じ内容だからである．

　既に何度も指摘した通り，構造因子を計算する際に盛り込む原子の配列の中央に対称中心があるときには，そこを座標原点にしてやることで指数関数部の虚数項を互いに打ち消し合わせることができる．逆に言えばたとえ原子配列自体が対称中心をもっていても原点がそこになければ虚数項は残り，値をもつ（図3-1）．さて，結晶では原子配列が繰り返されているので，計算に盛り込もうとしていた原子群の中央ではない場所にも対称中心はある（図3-1）．面白いことに，座標原点が「どこかの対称中心に取られていれば」最終的には虚数項が消えて実数項のみが残る．指数関数部をテイラー展開して正弦項を睨みつければこれは容易にわかる．

---

43. 入射 X 線強度を反映するパラメーターはこれしかない．本来は $F(000)$ を単位胞中の電子数に一致させるような係数を決めるべきだが，これは入射 X 線と重なるので計測は現実的ではない．

演習9

平面群 $p2mm$ で，炭素原子が座標 $(0.200, 0.300)$ とその等価点にあるとする．格子定数は $a = 2.00$ Å, $b = 3.00$ Å である．平面群なので z 方向を考える必要はない．有効桁数に注意．

A. この平面結晶の構造因子 $F(hk)$ を，$-5 \le h \le 5$, $-5 \le k \le 5$ の範囲で計算せよ．原子散乱因子 f_{carbon} の値は *International Tables for Crystallography*, Vol. C （表 6.1.1.4.）に掲載されている数値を下の 4-901 式に代入して計算して使うこと．波長 λ は 1.00 Å としておくが，まずは $\sin\theta/\lambda$ を求めるのに波長 λ の数値が本当に必要なのかどうかを考えてみよう．

$$f\left(\frac{\sin\theta}{\lambda}\right) = c + \sum_{i=1}^{4} a_i \exp\left\{-b_i\left(\frac{\sin\theta}{\lambda}\right)^2\right\}. \tag{4-901}$$

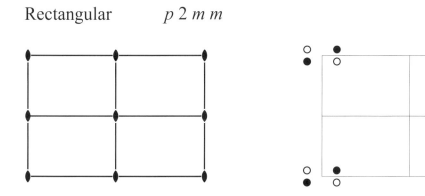

Rectangular   *p 2 m m*

原点位置：*2 m m*
非対称独立領域：$0 \le x \le 1/2$; $0 \le y \le 1/2$
黒丸は対称操作によって反転しているものを示す．

図 4-1.

B. 上で計算した $F(hk)$ を使い，$0 \le x \le 1.0$, $0 \le y \le 1.0$ の範囲で 0.025 刻みで電子密度を逆算せよ．

4-901 式に代入する a_i, b_i, c ($i = 1\sim4$) が何か物理的な意味をもつ数値，4-901 式そのものが何か理論的裏付けをもつ数式と勘違いされやすい．4-901 式は原子の散乱能を $\sin\theta/\lambda$ の関数として描いたときの曲線を近似するための単なる近似式であり，代入する数値も単に「目的の形状因子に近い曲線を与える数値」であって，物理的な意味をもたない．「ある回折角についての原子散乱因子の近似値を 4-6 式を用いて得る」のであって，原子散乱因子が 4-901 式で表されるわけではない．

原子散乱因子の決定の難しさがよくわかる例として文献を挙げておく[44]．

---

44. Raccah, P. M. & Arnott, R. J. (1967) Comparison of the theoretical O⁻⁻ form factors with experiment. *Physical Review* **153**, 1028-1031.

演習9解説

炭素について a, b, c にはそれぞれ $a_{1,2,3,4} = 2.31000, 1.0200, 1.58860, 0.865000$, $b_{1,2,3,4} = 20.8439, 10.2075, 0.5687, 51.6512$, $c = 0.215600$ を代入する．直交座標系なので $a^* = \dfrac{1}{2.00}\,(\text{Å}^{-1})$，$b^* = \dfrac{1}{3.00}\,(\text{Å}^{-1})$，$\gamma^* = 90°$．図 1-10 に示したように $|\mathbf{K}|$ が $2 \times \sin\theta/\lambda$ になるから，ある指数 hk についての $\sin\theta/\lambda$ は

$$\sqrt{\left(\frac{k}{2.00}\right)^2 + \left(\frac{k}{3.00}\right)^2}\,/2 \text{ として容易に得られる．}$$

$F(hk)$ が複素数であることは何度か述べたし，計算にも指数関数が含まれている．虚数単位 i を使わずに構造因子を求めるにはいくつかのアプローチがあるだろう．以下に例を示す．

　1：この原子配列は図 3-1 で使ったものと同じである．計算に含める四つの原子を座標原点の周りの四つに取り替える，あるいは四つの原子が座標原点の周りに均等に並ぶように平行移動してやれば（図 3-1 の配列 2），最初から虚数項を無視して実数項（余弦項）だけで計算してしまえるのではないか？

　　　　→ 確かに虚数項は不要になるが，今ここで要求されている数値とは違うものが得られる（実数項の符号が変わる）．故に不適切である．

　2：あるいは，四つの原子が配列の中心を挟んで対称的な位置にあるので，指数関数部をテイラー展開して比較すると虚数項が打ち消し合うことを示せるのではないか？

　　　　→ このアプローチは問題なく使える．

計算が適切であれば変換後の $F(5,5)$ と $F(-5,-5)$ は等しく $-2.623 + i\,0$ になり，再変換後の $\rho(x,y)$ は四つの原子位置に 31.64 e/Å の極大をもつ[45]．$\rho(x,y)$ がデルタ関数的にならない理由は二つ想像できるはずである．

　　　1：級数和を取る範囲は適切か？

　　　　　h と k の範囲を $-50 \leq h \leq 50$, $-50 \leq k \leq 50$ に拡張してみよう．

　　　2：原子の散乱能として f_{carbon} を代入する理由と効果は？

　　　　　4-3 式に 4-901 式を代入せず炭素原子の電子数 "6" を入れてみよう．

両方試してみればどちらの効果が大きいかわかるだろう．また，何故原子のない位置の電子密度が波打つのか，何故電子密度が負になることがあるのかも同時にわかるはずである．

---

45. 指示の通りに再変換すれば電子密度は必ず実数値になる．その理由も考察すること．

5. 原子変位パラメーター：Atomic displacement parameters

5.1. 復習と予察

　ここまで結晶にX線を入射したときにそれぞれの原子が出すX線の干渉（X-ray diffraction）を扱った．原子が静止しているのならばここまでの説明で足りるが，現実には原子は振動している．これにより何が起きるのか，また，これをどのように扱うのかを考える．なお，ここから先は入射波が完全非偏光である場合について述べることにするので，直線偏光している場合や偏光方向と電子の変位方向に相関がある場合についての考察はここでは行わない．

　第1.2.2.項に記述したように，揺すぶられた電子一つが放出する電磁波の振幅を波の振幅を考える上での単位とする．入射波の振幅は別に考慮するので，ここでは考えない．つまり，入射波が完全に直線偏光していて電子一つが電場の振動方向（すなわち電子の振動方向）に垂直な方向に放出する電磁波の振幅が「1」である．入射波が完全非偏光である場合でも，電子一つが「入射波が進んで行く方向と同じ方向」に放出する電磁波の振幅は1であり，「入射波がやってきた方角に向かって」放出する電磁波の振幅もまた1である．それ以外の方向に放出する電磁波の振幅は1より小さく，入射方向に直交する方向で最小になる（図1-4）．この効果は偏光因子として定式化されている．

　電子の位置が「ぼけて」いるとき，つまり確率密度分布でしか表すことができない場合でも，電子一つが「入射線の方向の延長線上」に放出する電磁波の振幅はやはり1である．その方向から隔たるにつれて振幅が小さくなることは上と似る．電子間の距離は波長よりずっと小さいためにこの角度依存はゆるやかで（演習2B），電子位置が電磁波の入射方向に対して垂直な面内で「ぼけて」いる場合に限り図1-9c に示すように 90° を挟んで対称的になる．しかし，演習2Bで荷電粒子を入射線上に，かつ波長より遥かに短い間隔で並べてみれば，このときには「入射波がやってきた方角」への散乱波も減衰することは直感できるだろう．つまり，「ぼけ」が球対称であるときには放出される電磁波の振幅は入射方向からの角度が増すにつれてゆるやかに減少し，「入射波がやってきた方角」で最小になる．原子核の周囲にある電子雲による散乱は上述の振幅をすべての電子について足し合わせたもので，入射線と同じ向きについての値はその原子に属する電子数となる．減衰の様相は原子毎に異なり，波動関数を使って求めた値が原子散乱因子 f_{atom} として報告されている（第1.3.1.項）．

　さて，原子が振動しているとする．このときには電子の分布がさらにぼけることは直感できるし，「入射波が進んで行く方向と同じ方向」から隔たるにつれて原子が放出する電磁波がこれによっても減衰する，つまり回折角が大きくなるにつれて結晶構造因子 $F(hkl)$ が 2-11 式で示したものよりも小さくなることも直感できる．この効果は f_{atom} の角度依存性に似るだろうし，振動量が大きくなればその効果も大きい（回折強度の減衰が著しくなる）．電子の密度分布のぼけなのだからこの効果は f_{atom} に盛り込まれるのが良さそうにも思われるが，手続きとしては（f_{atom} とは別に）原子の座標の導

入と似た形で導入する．結晶構造因子に盛り込まれた原子の座標値自体が「原子の居場所が原点ばかりとは限らない状況」を記述するために導入されたことを思い出そう（演習 3, 2-7 式, 2-11 式）．

5.2. 原子変位の一般論

5.2.1. 考え方

　原子が振動しているとする．隣り合う原子は強固に結合しているのだから，原子間に働く力はごく近くにある原子からの相対的な距離に依存することは直感的にわかる．つまりそれぞれの原子位置の「ぼけ」は本質的に互いに独立にはならず，原子位置は多様な「格子振動」の加重平均になるだろう[46]．また，原子位置（ポテンシャルの最小位置）が複数あって原子の居場所がそれらのうちのどれであるかが決められないこともあれば（静的無秩序），原子がそれらの間を飛び移っていることもある（動的無秩序）．これらをすべて含めて「原子変位」と呼び，その量を原子変位量，その記述子を原子変位パラメーター（atomic displacement parameter）と称する[47]．温度因子（temperature factor）あるいは熱振動パラメーター（thermal parameter）という用語は現在では使わないことが約束されている．上に述べた直感とは異なり，X 線の回折強度の減衰から原子変位量を導く際には各変位量は平衡位置からのずれとして，かつそれぞれの原子毎（より厳密には構造中で等価であるとする原子位置のグループ毎）に独立なものとして扱う．剛体として振舞うと想像される原子群について原子間距離や角度を固定したり，軽元素などいくつかの原子群に対して共通の変位量を当てはめるなどの制約を掛けることもあるが，原子変位パラメーター自体は直交座標系で記述されるので，例えば分子の回転運動のような連携した原子変位を記述するにはそれに応じた工夫が必要になる．残念なことに，それぞれの原子について得た原子変位量を分解して上記の「格子振動モード」を直接得ることはできない．また，結晶格子や部分構造について可能な振動モードを実験的あるいは理論的に求めた場合でも，それらから原子変位量を復元することはできない（できていない）ようである．

5.2.2. 熱による原子変位と，それ以外の原子変位

　あまり指摘されないが，原子が振動しているときにラウエ関数が満たされているかどうかは自明ではなく実験結果として示される．それぞれの原子の変位が互いに完全に独立であるなら，ある瞬間を取り出すと隣り合う単位胞内の電子密度分布は厳密には同じにならない．このときラウエ関数は完

---

46. 原子振動の動力学的な取り扱いについては Cochran による "The Dynamics of Atoms in Crystals"（「格子振動」小林正一・福地 充 訳 丸善 1975）が詳しい．

47. IUCr は "ADP" という省略形を "Anisotropic Displacement Parameter"（異方性変位パラメーター，第5.3.7 項）に割り当てている．*Acta Crystallographica* に "Atomic ADP" という表記が現れるのはこのためである．

全には満たされていないので，散乱ベクトルの先端が逆格子点から少々離れた場所にあっても $F(hkl)$ は若干の値をもつことになる（熱散漫散乱）．ラウエは当初この効果を過大評価し，結晶による回折を明瞭に捉えることができないと考えていたので，実際に回折線が明瞭に観察された際には少なからず驚いたそうである．室温で熱散漫散乱があまり問題とされないことは，熱による振動とそれによる原子変位がラウエ関数を破るほどには大きくないことを示す．

熱振動を除いた静的な原子変位が起きている状況として以下が考えられる．

1. 局所的な原子変位（構造の歪み）が無秩序に分布している場合

合金中に点欠陥があれば，その欠陥の周辺の原子は静的に変位し，その変位量は熱振動によるものに比べて遥かに大きい．これはラウエ関数を乱し，回折点の周囲に散漫散乱を生じるだろう[48]．これはもちろん合金に限ったことではなく，化合物でも普通に起きる．

2. 基本並進周期と同じ周期で原子変位に規則性がある場合

これは全体のラウエ関数を乱さない．ただし原子が変位する前には等価であった等価位置群のうちの一部のみが変位し残りが変位しないならば空間群の対称性が下がる（等価位置の非等価化）．特殊位置にあった原子が変位する場合，対称要素に沿った変位（鏡面上，回転軸上）は許容されるが，対称要素から外れる方向への変位が生じればその対称要素は消滅して空間群の対称性が下がる．また，要素からわずかに外れることで数を増した等価位置のそれぞれを原子が不完全に占めるように見える場合には，どれか一つだけが占められる積極的な理由がなく無秩序に占有されているか（原子位置の静的無秩序化）あるいは変位が動的であるか（原子位置の動的無秩序化）[49]，どれか一つのみを占める領域が混じり合っているか（メロヘドリック双晶），新たな長周期が生まれているか（下記4：原子位置の秩序化）のどれかだろう．

3. 基本並進周期より短い周期で原子変位に規則性がある場合

変位に関わる原子だけを抜き出した構造を考え，抜き出した構造がもつ基本並進周期が結晶全体のもつ基本並進周期の整数分の一ならばこれらは結晶全体によるラウエ関数の整数倍の（より長周期

48. Huang 散乱：Dederichs, P.H. (1973) The theory of diffuse x-ray scattering and its application to the study of point defects and their clusters. *J. Phys. FL Metal Phys.* **3**, 471-496.

49. 結晶構造を記述する際，その対称性は逆格子の対称性と回折強度の対称性（つまり平均構造）に基づく．このため原子位置の無秩序化が起きている限りにおいて対称要素は維持されていると捉える．また，無秩序化が起きることで対称性が上昇したり，秩序化が起きることで対称性が低下することがある．

の）ラウエ関数をもつ．つまりこれは全体のラウエ関数を乱さない．対称性に関する考察は上記2と同様である．非整数分の一であれば下記4のうち非整数長周期の場合と同様になる．

4. 基本並進周期より長い周期で原子変位に規則性がある場合

変位の周期により生まれるラウエ関数の間隔は変位がない場合のラウエ関数の間隔に比べて狭いので，hkl が分数となる位置に回折線が観測される．周期が基本並進周期の整数倍であれば指数の分母はその整数値になり（超構造），周期がそれと異なる場合には分母も非整数になる（不整合構造）．

5. 基本並進周期より短かい周期の規則性はあるが長距離の規則性がない場合

これは上記1と同様の状況を与える．

5.2.3. 分布関数の同時適用（畳み込み）

結晶構造因子の一般式（2-11 式）では h, k, l が整数である場合のみ考慮すればよいとしているが（ラウエ関数の制限），1-29 式，4-2 式，4-4 式は単位胞内の電子密度がフーリエ変換されたもの（ただし数式としては逆変換形）が結晶構造因子であることを明らかにしている．現実の電子密度分布は (1) 原子核の周りの電子密度分布，(2) 単位胞中の原子の配列，(3) 原子の変位という三つの「ぼけ」の同時発生と捉えればよいわけで，現実の結晶構造因子はこれら三つが同時に起きている状況を逆フーリエ変換したものとなる．(1) と (2) は既に逆変換済みだが，(3) を盛り込むにはどうすればよいのだろうか？

ここで一旦結晶構造因子から離れて分布関数の同時適用について整理しておこう．起源の異なる二つの「ぼけ」が同時発生している状況について考えることは「一つの確率変数に対して複数の分布関数を同時に適用すること」で，順序良く「分布関数その2によるぼけを考える確率変数が既に分布関数その1によってぼけているとき，最後に得られる確率を考えること」である．同時適用というと二つの分布関数の単純な積を想像しがちだが，分布関数には「原点ではない場所に立つデルタ関数（積分値は1）」も含むことを思い出せば，「片方が原点に，もう片方が原点ではない場所にある」二つのデルタ関数の同時適用が単純な積とは全く違うことは容易に理解できるはずである（両者の同時適用は後者のデルタ関数と同じものになるはずだが，両者の単純な積は全範囲に亘って常にゼロになる）．つまり同時適用は関数同士の単純な積とは異なる演算のはずで，演算子としては "*" を使う．上述の通りこれは複数の関数の「和」でもなければ「積」でもないことに注意しよう．この演算は分布関数の「合成積」あるいは「畳み込み」（convolution）と呼ばれ定式化されている．

ではここで一つの確率変数に対して二つの分布関数を順次適用してみる．分布関数その1を適用する時間を s として，これによって確率変数が $x \leq X \leq x+\Delta x$ にいる確率を $\rho 1_s(x)\Delta x$ と表記する．分布

関数その2を適用する時間をtとすれば，これによって確率変数が$y \leq X \leq y+\Delta y$にいる確率は$\rho 2_t(y)\Delta y$となる（第1.3.1.項）．この確率変数を原点から出発させて，まずは分布関数その2を適用し，つぎに分布関数その1を適用する．適用が済むのは時刻$t+s$で，適用が済んだら，確率変数がどこにいるか探してみる．まず時刻tの時点でこの確率変数の居場所が幅をもたずにyだったとすると，時刻$t+s$にこの確率変数が微小範囲$x \leq X \leq x+\Delta x$に見つかるために必要な変位量は（時間sに対して）$x-y$から$(x-y)+\Delta x$という範囲である．つまり分布関数その2によって分布関数その1の原点があらかじめyにずれているわけで，そこから確率変数が$x \leq X \leq x+\Delta x$だけずれる変位が起きる確率は$\rho 1_s(x-y)\Delta x$ということになる．1-23式と同様に，両者が確率論的に独立であれば（また，その場合に限って）確率変数が「$y+\Delta y$を経由して$x+\Delta x$に至る」確率は$\rho 1_s(x-y)\Delta x \cdot \rho 2_t(y)\Delta y$という単純な積になる．さて，知りたいのは時刻$t+s$にこの確率変数が微小範囲$(x, x+\Delta x)$にいる確率であって途中の経由位置$y$はどこであっても構わないのだから，今知りたい確率は分布関数2をyについて積分してしまった次式

$$\int_{-\infty}^{\infty} \rho 1_s(x-y)\rho 2_t(y)\,dy \cdot \Delta x \tag{5-1}$$

で表現できる．これが1-25式と同じ内容であるのを確認すること．これをΔxで割って確率密度にすれば

$$\rho_{\text{conv},\,t+s}(x) = \int_{-\infty}^{\infty} \rho 1_s(x-y)\rho 2_t(y)\,dy \tag{5-2}$$

となる．これがつまり一つの確率変数に二つの分布関数を同時適用した際の確率密度分布である．これを一般の関数fとgについて書き直す．具体的にはX軸上の絶対可積分関数$f(x)$と$g(x)$について畳み込み$(f*g)(x)$を次式のように定義する

$$(f*g)(x) \equiv \frac{1}{\sqrt{2}}\int_{-\infty}^{\infty} f(x-y)g(y)\,dy. \tag{5-3}$$

積分変数yを$z = x-y$に換えてみれば$(f*g)(x) = (g*f)(x)$であることはわかるはずで，それくらいは自力でやってみること．5-3式のフーリエ変換（4-1式）の積分の順序を換えてから積分変数を$z = x-y$に換えてみれば，**畳み込んだ後の関数のフーリエ変換形が畳み込む前のフーリエ変換形の積になる**（関数のフーリエ変換形を ^ 付きで表せば，つまり分布$f(x)$と$g(x)$について二つの分布の畳み込み$f(x)*g(x)$のフーリエ変換形$\widehat{(f*g)(x)} = \widehat{f(x)} \cdot \widehat{g(x)}$である）こともわかる．これも自力でやってみること．特に後者は畳み込みの定理と呼ばれる．演習3はf_{atom}（電子雲がぼけている状況）と原子座標（原子が座標原点に居ない状況）の畳み込みの直感的な理解であるとともに，畳み込みの定理の直感的な理解でもある．すなわち，結晶構造因子（単位胞内の電子密度のフーリエ逆変換形）がf_{atom}と指数関数部との積（の総和）になっているのは，つまりf_{atom}が原子核の周りの電子密度のフーリエ逆変

換形であり（1-21 式，4-2 式），2-11 式中の指数関数部が原子核の配列のフーリエ逆変換形であるからに他ならない．ということは平均位置の周りの原子変位パラメーターをフーリエ逆変換し，それを 2-11 式に乗することで結晶構造因子に原子変位を直接導入することができそうである．

さて，ここまでの記述について以下に二つ補足しておく．一つ目は畳み込む場合と畳み込まない場合の違い，二つ目は畳み込みによく似た別の関数についてである．

畳み込む理由

f_{atom}，原子座標，原子変位の三つの分布関数を畳み込まなければならないのは，三つとも三次元空間に広がる分布関数をもつから，言い換えれば「ある特定の方向について考えたときに三つともその方向に関する分布関数をもつから」である．もしもある確率密度関数がある特定の軸上での分布を記述し，もう一つの確率密度関数が別の軸上での分布を記述しているなら，そして両者が互いに独立であるなら，両者を同時に適用した分布関数は二つの分布関数の畳み込みではなく二つの周辺分布関数の同時分布関数として得られ，これは単純な算術積になる（1-22 式）．

パターソン関数

Physical Review 誌に掲載された論文[50]の記述とは異なりパターソン関数は一つの分布関数の二重適用（自己畳み込みあるいは self-convolution）ではない．5-3 式を自己畳み込みに書き直した

$(f*f)(t) \equiv \frac{1}{\sqrt{2}} \int_{-\infty}^{\infty} f(t-x)f(x)dx$ という表現を見るとわかるように，これは「ある固定位置 t での値が欲しければ，$f(x)$ を**原点について反転させてから**全体を t だけずらし，それを $f(x)$ に重ねて，すべての位置で積を取って，それを足し合わせろ」ということになる．つまり二つの分布の畳み込みは，演算中には片方の分布関数が反転している．これは例えば $x=1$ に立つ棒と $x=2$ に立つ棒の畳み込みが $x=3$ に立つ棒になることから直感できるだろう．自己畳み込みが原点について対称的になるのは必然ではないし，原点で極大を取る必然性もない．しかしパターソン関数はそうなる．これはパターソン関数の演算中では分布を反転させていないためである．あえて言えばパターソン関数は**現実の電子密度分布とその反転との畳み込み**である．

演習１０

A. 5-3 式について $(f*g)(x) = (g*f)(x)$ であることを示せ．

B. 5-3 式について，畳み込んだ後の関数のフーリエ変換形が畳み込む前のフーリエ変換形の積になることを示せ．

（演習１０の解説は省略）

---

50. Patterson, A.L. (1934) A Fourier Series Method for the Determination of the Components of Interatomic Distances in Crystals. *Physical Review* **46**, 372-376.

5.3. 調和振動する原子の確率密度と，その結晶構造因子への導入

原子座標 x, y, z のぼけを表現するためにその確率密度を考える．そのためにはこの確率密度のモーメントと特性関数について検証することになるのだが，まずは確率密度を考えない導入を示し，次に確率分布が正規分布（ガウス分布）である場合について考える．その後に一般化する．

5.3.1. 導入

2-7 式中のラウエ関数を省略して結晶構造因子 $F(\boldsymbol{K})_{\text{crystal}}$ を示すと

$$F(\boldsymbol{K})_{\text{crystal}} = \sum_{j=1}^{J}\left[f_{\text{atom}\,j} \times \exp\left\{2\pi i\left(\boldsymbol{K} \cdot \boldsymbol{r}_j\right)\right\}\right] \tag{5-4}$$

であり，括弧内が原子核の周りの電子密度分布のフーリエ逆変換形と原子配列のフーリエ逆変換形の積である．原子配列の揺らぎを導入するのであれば，原子位置を導入したのと同様に原子位置のずれ $\boldsymbol{\delta}_j$（第 1 章で用いた位相差割合 δ とは別，原点は $\boldsymbol{r}_j$ の先端）を導入して乗すればよい．つまり

$$F(\boldsymbol{K})_{\text{crystal}} = \sum_{j=1}^{J}\left[f_{\text{atom}\,j} \times \exp\left\{2\pi i\left(\boldsymbol{K} \cdot \boldsymbol{r}_j\right)\right\} \times \exp\left\{2\pi i\left(\boldsymbol{K} \cdot \boldsymbol{\delta}_j\right)\right\}\right] \tag{5-5}$$

である．違いは $\boldsymbol{r}_j$ が静的で $\boldsymbol{\delta}_j$ が動的であることのみである．しかし動的なために 2-11 式で使ったような単純な変形では済まない．そこでここでは一旦 $x = 2\pi\left(\boldsymbol{K} \cdot \boldsymbol{\delta}_j\right)$ と置いて時間平均（＝空間平均）を取り，5-5 式を

$$F(\boldsymbol{K})_{\text{crystal}} = \sum_{j=1}^{J}\left[f_{\text{atom}\,j} \times \exp\left\{2\pi i\left(\boldsymbol{K} \cdot \boldsymbol{r}_j\right)\right\} \times \left\langle \exp\left(ix\right)\right\rangle \right] \tag{5-6}$$

と略記する．ここでの x は原子座標ではなく変位量そのものでもないことに注意．

5.3.2. 確率密度が正規分布に従う場合の特徴，およびフーリエ変換後の位相因子について

原子の振動についてしばしば見られる次のような記述「原子間の結合をバネと捉えると，結合した二つの原子の振動は調和振動子の振動と見なすことができ，このときそれぞれの原子の確率密度分布は正規分布に従う」を考える．このとき，一方の原子を固定したときのもう一方の原子の振動を想像すると，これは波（円運動）なので分布の両端があるし，さらに単純化してバネの伸び縮みだけを想像すると振幅の両端での確率密度が最大になってしまう．つまり，バネによって繋がれた原子の変位が波として結晶内を伝搬するのは直感的だが，それによる原子変位の分布はあまり直感的ではない．ここでは，それぞれの原子の確率密度分布は正規分布に従うことを前提として話を進める[51]．

---

51. 実際のところ結晶について「それぞれの原子の確率密度分布は正規分布に従う」という上の記述は正しいのだが，これはブロッホの定理の拡張として示される．詳しくは Prince, E. (1982)

さて，ガウス関数（Gaussian）が満たすべき骨格は $p(x) = \exp(-x^2)$ であり，これの形を取る分布が正規分布（normal distribution）と呼ばれ，これを次式で表す．

$$\rho_{m,\sigma}(x) = \frac{1}{\sqrt{2\pi\sigma^2}} \exp\left[-\frac{(x-m)^2}{2\sigma^2}\right]. \tag{5-7a}$$

ここで $\rho_{m,\sigma}(x)$ は確率密度，x は確率を考える位置，m は分布の平均位置（極大位置）である．確率だから積分値を 1 にするために右辺左項を付ける．σ^2 は分布の広がりに対応するもので「分散」と呼ばれる定数，σ が「標準偏差」である．ガウス分布は平均位置（頂点）を挟んで対称的な形をしていて（図示は省略），標準偏差は平均位置から両側になだらかに減少する確率密度が上に凸の曲線から凹の曲線に変わる変曲点までの距離になっている．このため分布の幅を直接比較するのには σ が便利だろう．ところで，σ を分散，$\sqrt{\sigma}$ を標準偏差とした次式

$$\rho_{m,\sigma}(x) = \frac{1}{\sqrt{2\pi\sigma}} \exp\left[-\frac{(x-m)^2}{2\sigma}\right] \tag{5-7b}$$

が使われていることもある．現在入手できる書籍では両者が入り混じっているので，分散として σ と σ^2 のどちらが使われているのかは（残念ながら）常に意識しなければならない．以降では分散として σ^2（5-7a 式）を使う．

フーリエ変換と逆変換の一般式は次のようなものであった（普通の教科書とは x と k を取り替えてある）．

$$\alpha(x) = \frac{1}{\sqrt{2\pi}} \int_{-\infty}^{\infty} f(k)\exp\{-ikx\}\,dk. \tag{= 4-1}$$

$$f(k) = \frac{1}{\sqrt{2\pi}} \int_{-\infty}^{\infty} \alpha(x)\exp\{ikx\}\,dx. \tag{= 4-2}$$

結晶構造因子に乗するのはフーリエ逆変換形なので，4-2 式を用いて正規分布をフーリエ逆変換したときに何が起きるかを見てみる．$\rho_{m,\sigma}(x)$ のフーリエ変換形は

$$\begin{aligned}
\widehat{\rho_{m,\sigma}}(k) &= \frac{1}{\sqrt{2\pi}} \int_{-\infty}^{\infty} \frac{1}{\sqrt{2\pi\sigma^2}} \exp\left[-\frac{(x-m)^2}{2\sigma^2}\right]\exp\{ikx\}\,dx \\
&= \frac{1}{2\pi\sigma} \int_{-\infty}^{\infty} \exp\left[-\frac{(x-m)^2}{2\sigma^2}\right]\exp\{ikx\}\,dx
\end{aligned} \tag{5-8}$$

であり，積分変数を $x-m$ から y に書き換えて

"Mathematical Techniques in Crystallography and Materials Science", Springer-Verlag の付録 E を参照．

$$\widehat{\rho_{m,\sigma}}(k) = \frac{1}{2\pi\sigma} \int_{-\infty}^{\infty} \exp\left[-\frac{y^2}{2\sigma^2}\right] \exp\left\{ik(y+m)\right\} dy = \widehat{\rho_{0,\sigma}}(k) \exp\left\{ikm\right\}. \tag{5-9}$$

つまり分布そのものを m だけずらしてからフーリエ逆変換すると，ずらす前の分布をフーリエ逆変換したものに $\exp\{ikm\}$ という係数が乗される．演習 3 と 2-11 式の関係を見れば確かにそうなっている．単に変数を取り替えているだけだから分布関数形に制約はなく（ただし発散しないこと），逆変換前の分布関数がデルタ関数であっても構わない．この係数はフーリエ正変換形では $\exp\{-ikm\}$ である（位相因子）．演習 3 はこれのフーリエ変換という言葉を使わない記述である．つまり原子の平均位置（位置ベクトル）は 5-5 式中で既に完全に分離されているのであって，座標が与えられた調和振動子であれば δ_j の先端の確率分布がどの方向についても $|\delta_j| = 0$ で極大を取る正規分布に従っている場合について考えればよいことになる．δ_j は実空間での原子の変位を表すベクトルなので，これを実空間のベクトル $\mathbf{a}, \mathbf{b}, \mathbf{c}$ を使って $\delta_j = b1_j \mathbf{a} + b2_j \mathbf{b} + b3_j \mathbf{c}$ と表す．こうすると「原子は調和振動子として振舞う」という記述は係数 $b1_j, b2_j, b3_j$ の取る値が 0 を平均位置として正規分布することの言い換えである．

正規分布にはもう一つ「二つの正規分布の積は正規分布になる」という重要な特徴がある（証明略）．5-7a 式で $m = 0$ と置けば新たな係数が二つの正規分布の係数の積，新たな分散も両者の積になり，指数関数部には両者の分散の和が乗されることはすぐにわかる．正規分布 $f(x)$ のフーリエ変換形 $\widehat{f(x)}$ が正規分布になることはまだ示されていないが，これは第 5.3.6., 6.2.2. 項に場を改めて示す．

5.3.3. 三次元の正規分布：分散と共分散

$b1_j, b2_j, b3_j$ の取る値が 0 を平均位置として正規分布する状況を想像してみる．まず $\mathbf{a}$ を X 軸上に，$\mathbf{b}$ を Y 軸上に取り，両者が直交し $b1_j$ と $b2_j$ が正規分布するなら，$b1_j$ は X について山型，Y については一様な「布地の上の皺」のような形をしている（図 5-1a）．$b2_j$ については逆である．これら二つの分布関数は互いに独立なので，両方を満たす関数はこれらを周辺分布関数とする同時分布関数となる．つまり畳み込みではなく両者の単純な積となり，それは図 5-1c のような形であろう．この図は確率密度が XY 面内のあらゆる方向について正規分布しており，その分散はどの方向についても $b1_j$ と $b2_j$ の分散の間になることを示している．これは三次元に拡張しても同様で，直交する XYZ 軸について確率密度がそれぞれ正規分布するならば，確率密度は空間のあらゆる方向について正規分布する．このときの等確率密度面の形は三軸楕円体（tri-axial ellipsoid）になり，XYZ 軸をその主軸と呼ぶ．この楕円体は三つの主軸方向とその方向への分散値（最大，中間，最小の三つ）で定義される．この楕円体はどの主軸方向についてもそれと直交する鏡面をもつから，三つの主軸方向が直交しなければならないことは自明である．そして空間に浮かぶどのような方向を向いた三軸楕円体も直交する三つの主軸方向とその方向への分散値で再定義することができる．

では主軸方向とその分散値を使わずに任意の三軸楕円体を定義できるだろうか？　図 5-1 に示したように直交する二方向に分散を与えたときには分散を与えた方向が自動的に主軸方向になるので，直方晶系のように **a, b, c** が直交する場合に単純に b1$_j$, b2$_j$, b3$_j$ へ分散値を与えると三軸楕円体の主軸は自動的に **a, b, c** 方向に一致してしまう．これでは単位胞中で傾いた楕円体を記述できない．他方，図 5-2 に示したように，直交しない二方向について分散値を与えた場合でも確率密度は面内のあらゆる方向について正規分布する．しかも，等確率密度楕円の主軸方向は分散を与えた方向に一致しない．しかしそれでも「面内のあらゆる方向について」偏った分布を記述するには足りないようである．

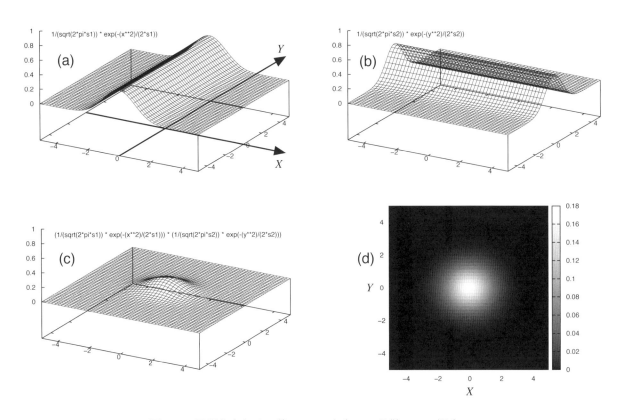

図 5-1．正規分布とその積．(a) X 方向への分散 1.0 の場合．
(b) Y 方向への分散 0.8 の場合．(c-d) a と b の積．異なる二つの方向への正規分布の積はどの方向についても正規分布となる．

　実際のところ面内にある楕円をあらゆる方向について傾けるにはあと一つの情報が必要で，三次元空間については最大六方向についての情報が必要になる．特別な理由がなければそれらは **a, b, c, a+b, b+c, a+c** 方向に取られる．残りの方向（例えば **a−b, b−c, a−c** 方向）については自動的に決まる．**a, b, c** 方向に関する情報はその方向への分散値（variance）であり，**a+b, b+c, a+c** 方向に関する情報は

「共分散」（covariance）と呼ばれる．前者は常に正であるが，後者はそれぞれが含む方向への相関性，例えば原子が **a** の正の方向にずれたときに **b** では正の方向にずれる傾向があるのか（b1 と b2 の積が正），負の方向にずれる傾向があるのか（b1 と b2 の積が負），それとも偏りがないのか（b1 と b2 の積がゼロ）を表すものであって，対応する方向への分散値ではない．また，情報が必要なこれらの六方向についても原子位置の対称性によってはいくつかは自動的に決まる．これらについて唯一の制約条件は「確率値が負になってはならない」ことだけで，これは常に検証されなければならない[52]．最小の情報量で済むのは原子の変位が等方的な場合で，このときの独立パラメーター数は一である（これは常に正の値を取る）．ところで，b1$_j$, b2$_j$, b3$_j$ は実格子ベクトルへの係数，つまり単位胞内での分率座標に相当する数値だから，原子変位が実空間で等方的なときには b1$_j$, b2$_j$, b3$_j$ の分布に関わる標準偏差 σ は軸率に反比例する（分散値 σ^2 ではないし，ましてや方向によらず同じではない）．

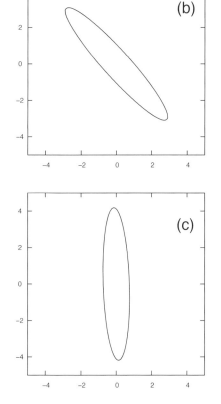

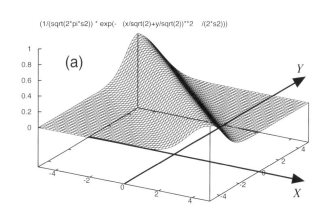

図 5-2．正規分布する確率密度．(a) *X*+*Y* 方向への正規分布（分散 0.8）．(b) *X* 方向への分散 3.0, *Y* 方向への分散 0.2 の積（確率密度 0.05）．
(c) *X* 方向への分散 0.2, *X*+*Y* 方向への分散 3.0 の積（確率密度 0.05）．(b-c) において主軸方向が分散を与えた方向と一致していないことに注意．

---

52. 5-25 式に示す共分散行列の部分行列について，部分行列をどのように取ってもその固有値が正であればよい（正定値行列：positive definite matrix）．行列の固有値の詳細は省略．

5.3.4. 分布関数の平均と，確率変数としての関数値およびその平均

5-5 式で示した通り δ_j の先端の確率密度分布のフーリエ逆変換形は $\exp\{2\pi i\,(\boldsymbol{K}\cdot\boldsymbol{\delta}_j)\}$ である．結晶構造因子の数値を得たければこれを解析的に表記しなければならない．そのためにまず5-6 式で $\exp\{2\pi i\,(\boldsymbol{K}\cdot\boldsymbol{\delta}_j)\}$ の時間平均を取って $\langle\exp(ix)\rangle$ と表記していたことを思い出そう．$\langle\exp(ix)\rangle$ とはどのようなものだろうか？　ある関数 $g(x)$ の時間平均 $\langle g(x)\rangle$ をどのように求めればよいのか，賽子を振る場合を例に取って説明してみよう．固いことを言えば時間の経過を考慮した「確率過程」を使って考えるべきなのだろうが，ここでは第 1.3.1. 項での電子の動きと同様に経過時間について積分した後の形のみ扱う．確率過程については第 5.3.12. 項で改めて説明する．

賽子を振って出た目を確率変数 X として，横軸を x，縦軸を確率値に取る．この変数 X が取り得る値は 1, 2, 3, 4, 5, 6 の 6 通りで，しかも中間の値はない（いわゆる離散的な分布）．これらの値を v_k $(k=1, 2, 3, 4, 5, 6)$ としておく，つまり $v_1=1, v_2=2, v_3=3, v_4=4, v_5=5, v_6=6$ とする．$v_1=1$ が出る確率とは $v_1=1$ 出た回数（y_1 とする）を賽子を振った回数 z で割った値のことで，これらの値の分布の確率関数を $f(v_k)$ と書けば $f(v_k)=Pr(X=v_k)=\dfrac{y_k}{z}$ である．そして賽子にイカサマがなければ $f(v_k)$ は横軸 $x=1, 2, 3, 4, 5, 6$ の位置に立つ高さ 1/6 の棒の一群である．さて，この確率変数 X の平均 $\langle X\rangle$ あるいは期待値 $E(X)$（両者は同義）とは値 v_k $(1, 2, 3, 4, 5, 6)$ が出た回数とその値の積を取り，それを v_k のすべての場合について足し合わせて総回数で割ったものを指す．確率過程について積分済みにしてやればこれは値 v_k $(1, 2, 3, 4, 5, 6)$ を取る確率（それぞれ 1/6）で重み付けした v_k の総和と同義である，つまり

$$E(X)\equiv\frac{1}{z}\sum_k y_k\bullet v_k=\frac{1}{z}\sum_k Pr(X=v_k)\bullet z\bullet v_k=\sum_k Pr(X=v_k)\bullet v_k\equiv\sum_k f(v_k)\bullet v_k \quad(5\text{-}10\text{a})$$

がこの確率変数 X（あるいはこの分布）の平均 $\langle X\rangle$ あるいは期待値 $E(X)$ の定義である．x が連続した値を取るならば確率値との積の和を取るのではなく確率密度との積を積分することになるから，連続関数について 5-10 式は

$$E(X)\equiv\langle X\rangle=\int_{-\infty}^{\infty}\rho(x)x\,dx \qquad(5\text{-}10\text{b})$$

と書き直される．図 1-11 を見ると $\rho(x)$ を x について積分したものが分布関数 $F(x)$ として既に定義されているので，これを $\langle X\rangle=\int_{-\infty}^{\infty}x\,dF(x)$ と書いてもよい（スチルチェス積分）．$\rho(x)$ がある値を挟んで対称的な関数のときには $\langle X\rangle$ はその値に一致する．

賽子を振って出た目を変数とする関数があるとしよう，例えば $g(x)=0$ (x: even) or 1 (x: odd) とでもしておけば，$g(X)$ が取り得る値は 0 か 1 の 2 通りで，相変わらず中間の値はない．これらの値を u_j ($j=1, 2, 3, 4, 5, 6$) としておく，つまり $u_1=1, u_2=0, u_3=1, u_4=0, u_5=1, u_6=0$ とする．これらの値につい

ても確率 $h(u_j)$ が決まるので，関数 $g(X)$ をそのまま確率変数として扱うことができる．横軸を X に取れば $f(v_k)$ は横軸 $x = 1, 2, 3, 4, 5, 6$ の位置に立つ高さ $1/6$ の棒の一群であり，横軸を $g(X)$ に取れば $h(u_j)$ は横軸 $g(x) = 0$ と 1 の位置に立つ高さ $3/6$ の棒である．5-10 式に倣えば $g(X)$ の期待値は

$E\big(g(X)\big) \equiv \sum_j h(u_j) \cdot u_j$ であり，$h(u_k) = f(v_k)$ かつ $u_k = g(v_k)$ であるから

$$E\big(g(X)\big) \equiv \sum_k f\big(v_k\big) \cdot g\big(v_k\big) \tag{5-11a}$$

が成り立つ．これは値 v_k $(1, 2, 3, 4, 5, 6)$ を取る確率（それぞれ $1/6$）で重み付けした関数値 $g(v_k)$ の総和と同義である．確率密度 $\rho(x)$ が連続関数の場合は

$$\big\langle g(X) \big\rangle = \int_{-\infty}^{\infty} \rho(x) g(x)\, dx \tag{5-11b}$$

と書ける．以上を 5-6 式に当てはめると，5-6 式中の $\langle \exp(ix) \rangle$ において確率変数は X であるが，x の関数である $\exp(ix)$ もまた確率変数となり得て，その平均を「$x = v_k$ の現れる確率密度で重み付けした $\exp(iv_k)$ の積分値」と定義することができる．

5.3.5. 確率密度分布のフーリエ逆変換形の時間平均

$\langle \exp(ix) \rangle$ について考える際のもう一つの前提として，δ_j の先端位置の確率密度がある方角 φ について正規分布するなら，$\boldsymbol{K}$ をある一つに固定したときの $\boldsymbol{K}$ への δ_j の投影（$= (\boldsymbol{K} \cdot \delta_j) / |\boldsymbol{K}|$）もまたその方角 φ に関して 0 を平均位置として正規分布する（図 5-3）．つまり上記の状況においては 5-6 式中の x（$= 2\pi (\boldsymbol{K} \cdot \delta_j)$）も正規分布し，故に x^2 も正規分布する．

$x = 2\pi (\boldsymbol{K} \cdot \delta_j)$ が正規分布するから 5-8 式より

$$\begin{aligned}\big\langle \exp(ix) \big\rangle &= \int_{-\infty}^{\infty} \rho_{0,\sigma}(x) \exp(ix)\, dx \\ &= \int_{-\infty}^{\infty} \rho_{0,\sigma}(x) \cos(x)\, dx + i \int_{-\infty}^{\infty} \rho_{0,\sigma}(x) \sin(x)\, dx\end{aligned} \tag{5-12}$$

であり，正規分布であれば平均位置を挟んで対称的であるからここでの虚数項の積分値は0としてさしつかえない．つまり

$$\big\langle \exp(ix) \big\rangle = \int_{-\infty}^{\infty} \frac{1}{\sqrt{2\pi\sigma^2}} \exp\left[-\frac{x^2}{2\sigma^2} \right] \cos(x)\, dx \tag{5-13}$$

である．ただし 5-13 式中の標準偏差 σ は元々の δ_j の標準偏差の $2\pi |\boldsymbol{K}|$ 倍であることに注意．さて，ここで次式を使う（証明略）

$$\int_{-\infty}^{\infty} \cos(bx)\exp\left(-a^2 x^2\right)dx = 2\left(\frac{\sqrt{\pi}\exp\left(\dfrac{-b^2}{4a^2}\right)}{2a}\right), \tag{5-14}$$

ここで $a = 1/\sqrt{2\sigma^2}$, $b = 1$ と置いて

$$
\begin{aligned}
\langle\exp(ix)\rangle &= \int_{-\infty}^{\infty} \frac{a}{\sqrt{\pi}}\exp(-a^2 x^2)\cos(x)\,dx \\[2mm]
&= 2\frac{a}{\sqrt{\pi}}\frac{\sqrt{\pi}\exp\left(\dfrac{-1}{4a^2}\right)}{2a} \\[2mm]
&= \exp\left(\frac{-1}{4a^2}\right) \\[2mm]
&= \exp\left(\frac{-\sigma^2}{2}\right).
\end{aligned}
\tag{5-15}
$$

$\langle X^2 \rangle$ についても同様に求めておく，つまり

$$\langle x^2 \rangle = \int_{-\infty}^{\infty} \rho_{0,\sigma}(x)\,x^2\,dx = \int_{-\infty}^{\infty} x^2 \cdot \frac{1}{\sqrt{2\pi\sigma^2}}\exp\left[-\frac{x^2}{2\sigma^2}\right]dx\,. \tag{5-16}$$

ここでは次式を使う（証明略）．

$$\int_{-\infty}^{\infty} x^{2n}\exp\left(-a^2 x^2\right)dx = 2\left(\frac{1\cdot 3\cdot 5\cdot\cdots\cdot(2n-1)}{2^{n+1}a^{2n}}\times\frac{\sqrt{\pi}}{a}\right). \tag{5-17}$$

5-15 式と同様に $a = 1/\sqrt{2\sigma^2}$, $b = 1$ と置いて

$$\langle x^2 \rangle = 2\frac{a}{\sqrt{\pi}}\times\frac{1}{2^2 a^2}\times\frac{\sqrt{\pi}}{a} = \frac{1}{2a^2} = \sigma^2. \tag{5-18}$$

5-12 式，5-15 式より

$$\langle\exp(ix)\rangle = \exp\left(\frac{-\langle x^2 \rangle}{2}\right) = \exp\left(\frac{-\sigma^2}{2}\right). \tag{5-19}$$

　以上から，原子位置の揺らぎ（正規分布）をフーリエ逆変換した $\exp\{2\pi\,i\,(\boldsymbol{K}\cdot\boldsymbol{\delta}_j)\}$ $(= \exp(ix))$ の時間平均値 $\langle\exp(ix)\rangle$ が $\exp\left(\dfrac{-\langle x^2 \rangle}{2}\right)$ であることと，x についての分散値 σ^2 が x の二乗の時間平均値 $\langle X^2 \rangle$ に一致することが示された．特に後者は，正規分布する確率変数について「分散値 σ^2 とは平均値からのずれ（変位量）の二乗の期待値である」という分散値の定義そのものである．5-19 式に $x = 2\pi\,(\boldsymbol{K}\cdot\boldsymbol{\delta}_j)$ を代入して

$$\langle \exp(ix) \rangle = \exp\left(\frac{-4\pi^2 \left\langle \left(\boldsymbol{K} \bullet \boldsymbol{\delta}_j \right)^2 \right\rangle}{2} \right) = \exp\left\{ -2\pi^2 \left\langle \left(\boldsymbol{K} \bullet \boldsymbol{\delta}_j \right)^2 \right\rangle \right\}$$

(5-20)

$$\therefore F(\boldsymbol{K})_{\text{crystal}} = \sum_{j=1}^{J} \left[f_{\text{atom}\,j} \times \exp\left\{ 2\pi i \left(\boldsymbol{K} \bullet \boldsymbol{r}_j \right) \right\} \times \exp\left\{ -2\pi^2 \left\langle \left(\boldsymbol{K} \bullet \boldsymbol{\delta}_j \right)^2 \right\rangle \right\} \right]$$

を得る．これが基本式になる．

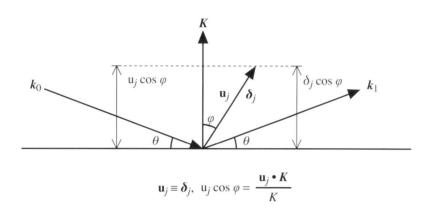

$$\mathbf{u}_j \equiv \boldsymbol{\delta}_j, \quad \mathrm{u}_j \cos\varphi = \frac{\mathbf{u}_j \bullet \boldsymbol{K}}{K}$$

図 5-3. 散乱ベクトル $\boldsymbol{K}$ と原子変位ベクトル $\boldsymbol{\delta}_j$（あるいは $\mathbf{u}_j$），およびそれらの内積.

5.3.6. 等方性原子変位パラメーター：Isotropic atomic displacement parameter

上述した分散値の定義から，あるいは 5-19 式中の標準偏差 σ が実空間における δ_j の先端位置の分布の標準偏差に対して $2\pi |\boldsymbol{K}|$ 倍されていることから，δ_j の先端の分布が球対称的であるとき 5-20 式は

$$F(\boldsymbol{K})_{\text{crystal}} = \sum_{j=1}^{J} \left[f_{\text{atom}\,j} \times \exp\left\{ 2\pi i \left(\boldsymbol{K} \bullet \boldsymbol{r}_j \right) \right\} \times \exp\left(-2\pi^2 \sigma_j^2 K^2 \right) \right]$$

(5-21)

と書ける．δ_j の先端位置の分布が直交する三つの主軸方向への分散値で決まることは既に述べたが，変位が球対称的であれば主軸はどの向きでもよいので，$\boldsymbol{K}$ の方向を三つある主軸の内の一つにしてしまう．残り二つの主軸方向への分散は $\boldsymbol{K} \bullet \delta_j$ に影響しないのだから，$\boldsymbol{K} \bullet \delta_j$ の分散は $\boldsymbol{K}$ 方向への分散だけが加味されたように見える 5-21 式で足りるのである．ここでの σ^2 は格子定数に関係しない分散（Å²）なのであって，b1, b2, b3 に関する分散であると勘違いしないこと（第 5.3.3. 項）．

5-21 式を改めて眺めてみると，原子変位のフーリエ逆変換として含めた項は K を変数とするガウス分布になっている．つまり原子が実空間で等方的に正規分布（ガウス分布）することを前提とすると，原子変位のフーリエ逆変換形が $|\boldsymbol{K}|$ に関してガウス分布する．もしも変換後の分布について積分値が 1 になるように係数に適切な操作を施せばそれは正規分布である．このとき変換前の分布の分散が σ^2 であるなら変換した後の分布の分散は $1/\sigma^2$ になる，つまり変換前の分布が「狭い」ならば変換

後の分布は「広い」．実は**ガウス分布のフーリエ変換がガウス分布になる**のはガウス分布の重要な特徴である（正規分布について考える際には積分値に注意）．また，フーリエ変換の一般的な特徴として「元の分布の幅が広がると変換後の分布の幅が狭まる」ことは既に述べたが，つまり**原子変位が大きいときには回折角が大きくなるにつれて $F(hkl)$ がより急速に小さくなる**ことが期待される．

5.3.7. 調和型異方性原子変位パラメーター：Harmonic anisotropic atomic displacement parameter (harmonic atomic ADP)

原子変位が異方的な場合を考えてみる．K が三軸楕円体の主軸方向と一致することは稀だし，K の向きが変われば δ_j の K への射影の分散も変わるのだから状況はいささか複雑になる．それでも共通した方向への散乱ベクトル群，つまりは原点から出発して一列に並んだ 111, 222, 333 といった一連の逆格子点については $K \cdot \delta_j$ は $|K|$ に比例して増加するのだから，それらの間では $\exp\left\{-2\pi^2 \left\langle \left(K \cdot \delta_j\right)^2 \right\rangle\right\}$ は相変わらずガウス関数の骨格を満たすだろう．

5-20 式から再開する．K は逆格子ベクトルの一次結合，δ_j は実格子ベクトルの一次結合であり

$$K \cdot \delta_j = (h\mathbf{a}* + k\mathbf{b}* + l\mathbf{c}*) \cdot \left(\mathrm{b}1_j \mathbf{a} + \mathrm{b}2_j \mathbf{b} + \mathrm{b}3_j \mathbf{c}\right) = h\mathrm{b}1_j + k\mathrm{b}2_j + l\mathrm{b}3_j$$

$$\left(K \cdot \delta_j\right)^2 = h^2 \mathrm{b}1_j \mathrm{b}1_j + k^2 \mathrm{b}2_j \mathrm{b}2_j + l^2 \mathrm{b}3_j \mathrm{b}3_j + 2hk\mathrm{b}1_j \mathrm{b}2_j + 2hl\mathrm{b}1_j \mathrm{b}3_j + 2kl\mathrm{b}2_j \mathrm{b}3_j$$

$$\left\langle \left(K \cdot \delta_j\right)^2 \right\rangle = h^2 \left\langle \mathrm{b}1_j \mathrm{b}1_j \right\rangle + k^2 \left\langle \mathrm{b}2_j \mathrm{b}2_j \right\rangle + l^2 \left\langle \mathrm{b}3_j \mathrm{b}3_j \right\rangle + 2hk\left\langle \mathrm{b}1_j \mathrm{b}2_j \right\rangle + 2hl\left\langle \mathrm{b}1_j \mathrm{b}3_j \right\rangle + 2kl\left\langle \mathrm{b}2_j \mathrm{b}3_j \right\rangle$$

$$(5\text{-}22)$$

である．$\mathrm{b}i_j$ は原子が平均位置からずれているときのずれ量を表す係数だから $\left\langle \mathrm{b}i_j \right\rangle = 0$ である．しかし $\left\langle \mathrm{b}i_j \mathrm{b}k_j \right\rangle$ はそうではない．$\left\langle \mathrm{b}i_j \mathrm{b}k_j \right\rangle$ を βik_j と表記することにすれば

$$\left\langle \left(K \cdot \delta_j\right)^2 \right\rangle = h^2 \beta 11_j + k^2 \beta 22_j + l^2 \beta 33_j + 2hk\beta 12_j + 2hl\beta 13_j + 2kl\beta 23_j \qquad (5\text{-}23)$$

と書ける．普通は j を省略して添字を使い

$$\left\langle \left(K \cdot \delta_j\right)^2 \right\rangle = h^2 \beta_{11} + k^2 \beta_{22} + l^2 \beta_{33} + 2hk\beta_{12} + 2hl\beta_{13} + 2kl\beta_{23} \qquad (5\text{-}24)$$

と表記する．$\beta_{11}, \beta_{22}, \beta_{33}$ はそれぞれ $\mathbf{a}, \mathbf{b}, \mathbf{c}$ 方向についての「分率座標の分散値」（無次元）になる．$\beta_{12}, \beta_{13}, \beta_{23}$ はそれぞれ $\mathbf{a}+\mathbf{b}, \mathbf{a}+\mathbf{c}, \mathbf{b}+\mathbf{c}$ 方向についての変位の相関を反映する「分率座標の共分散値」（無次元）になる．既に述べた通り共分散は主軸の方向と座標軸方向のずれを反映するもので，負の値になっても構わない．β を行列要素とする 3×3 行列は「分散 - 共分散行列」（variance - covariance matrix）あるいは単に「共分散行列」と呼ばれる．実はこれはそのまま「三次元空間での分布に関する分散の表記法」で，太字で $\boldsymbol{\sigma}$ と書く．分散は原点について対称的であるから，欠けている β_{ik} はゼ

ロではなく β_{ki} と同じ値であって，また，それらは先に触れた「残りの方向（$\mathbf{a}-\mathbf{b}, \mathbf{b}-\mathbf{c}, \mathbf{a}-\mathbf{c}$ 方向）」についての情報**ではない**．行列表記を使ってよいなら，5-24 式は

$$\left\langle \left(\boldsymbol{K} \cdot \boldsymbol{\delta}_j \right)^2 \right\rangle = \begin{pmatrix} h & k & l \end{pmatrix} \begin{pmatrix} \beta_{11,j} & \beta_{12,j} & \beta_{13,j} \\ \beta_{21,j} & \beta_{22,j} & \beta_{23,j} \\ \beta_{31,j} & \beta_{32,j} & \beta_{33,j} \end{pmatrix} \begin{pmatrix} h \\ k \\ l \end{pmatrix} = \mathbf{h}^T \boldsymbol{\sigma}_j^2 \mathbf{h} \tag{5-25}$$

と表記される．$\mathbf{h}$ は逆格子原点から逆格子点 h, k, l までのベクトルのことで，$\boldsymbol{H}_{hkl}$ と同じものである（第 2.2.1. 項）．$\mathbf{h}^T$ は $\mathbf{h}$ の転置行列の意で，分散を表す際には数学ではこちらの表記法が一般的である．

　以上より 1-40 式は原子の変位まで含めた次式

$$F(hkl) = \sum_j \begin{bmatrix} f_{\mathrm{atom}\,j} \times \exp\left\{ 2\pi\,i\left(hx_j + ky_j + lz_j \right) \right\} \\ \times \exp\left\{ -2\pi^2 \left(h^2\beta_{11,j} + k^2\beta_{22,j} + l^2\beta_{33,j} + 2hk\beta_{12,j} + 2hl\beta_{13,j} + 2kl\beta_{23,j} \right) \right\} \end{bmatrix} \tag{5-26}$$

に書き換えられ，これでようやく原子の変位まで含めた結晶構造因子が数値として得られる．構造精密化のプログラムでは（また，種々の解説でも）$2\pi^2$ を β に含めた

$$F(hkl) = \sum_j \begin{bmatrix} f_{\mathrm{atom}\,j} \times \exp\left\{ 2\pi\,i\left(hx_j + ky_j + lz_j \right) \right\} \\ \times \exp\left\{ -\left(h^2\beta_{11,j} + k^2\beta_{22,j} + l^2\beta_{33,j} + 2hk\beta_{12,j} + 2hl\beta_{13,j} + 2kl\beta_{23,j} \right) \right\} \end{bmatrix} \tag{5-27}$$

を使うことが多い．5-26 式と 5-27 式のどちらを使っているのかは都度明記する必要があるだろう．古い論文では次式

$$F(hkl) = \sum_j \begin{bmatrix} f_{\mathrm{atom}\,j} \times \exp\left\{ 2\pi\,i\left(hx_j + ky_j + lz_j \right) \right\} \\ \times \exp\left\{ -\left(h^2\beta_{11,j} + k^2\beta_{22,j} + l^2\beta_{33,j} + hk\beta_{12,j} + hl\beta_{13,j} + kl\beta_{23,j} \right) \right\} \end{bmatrix} \tag{5-28}$$

が使われていることがある．しかし今後は混乱を避けるために使わないこと．

　回折強度を測定するにせよ f_{atom} を求めるにせよ格子定数の情報は必要ではあるものの，これらの式の中には格子定数に関わる情報が含まれていない．つまり式自体は現実の結晶の単位胞を辺長 1 の立方体に規格化したようなものと思ってよい（このため上では「結晶軸」と書かず「座標軸」と書いた）．$\mathbf{a}, \mathbf{b}, \mathbf{c}$ と $\mathbf{a}^*, \mathbf{b}^*, \mathbf{c}^*$ が異なった座標系を作っているとはいえ，内積がゼロか 1 になるように取られているのだから解析的表記としてはこれで構わないのである．

　コンピューターを使って計算をするにはこれらの表記が便利だが，実空間での変位量の大小関係が直感的に判らない．そこで規格化を解いてみる．具体的には変位ベクトル $\boldsymbol{\delta}_j$ の表記法を変えてこれを $\mathbf{u}_j$ と呼び，

$$\boldsymbol{\delta}_j = \mathrm{b1}_j\mathbf{a} + \mathrm{b2}_j\mathbf{b} + \mathrm{b3}_j\mathbf{c} = \left(\mathrm{u1}_j\,a*\right)\mathbf{a} + \left(\mathrm{u2}_j\,b*\right)\mathbf{b} + \left(\mathrm{u3}_j\,c*\right)\mathbf{c} = \mathbf{u}_j \qquad (5\text{-}29)$$

とする．5-29 式で $a*$, $b*$, $c*$ の代わりに $1/a$, $1/b$, $1/c$ を使えば楽ができそうなものだが，そうはしない（後述）．5-22 式に $\mathrm{b1}_j = \mathrm{u1}_j\,a*$, $\mathrm{b2}_j = \mathrm{u2}_j\,b*$, $\mathrm{b3}_j = \mathrm{u3}_j\,c*$ を代入し，$<\mathrm{u}i_j\,\mathrm{u}k_j>$ を $U_{ik,\,j}$ と表記して書き直された 5-20 式は

$$F(hkl) = \sum_j \left[\begin{array}{l} f_{\mathrm{atom}\,j} \times \exp\left\{2\pi\,i\left(hx_j + ky_j + lz_j\right)\right\} \\ \times \exp\left\{-2\pi^2\left(h^2 a^{*2}\,U_{11,j} + k^2 b^{*2}\,U_{22,j} + l^2 c^{*2}\,U_{33,j} + 2hka*b*U_{12,j} + 2hla*c*U_{13,j} + 2klb*c*U_{23,j}\right)\right\} \end{array} \right]$$

$$(5\text{-}30)$$

となる．$\mathrm{u1}_j$, $\mathrm{u2}_j$, $\mathrm{u3}_j$ の単位は Å であり，三軸が直交する直方晶系，正方晶系，立方晶系であれば $\mathrm{u1}_j$, $\mathrm{u2}_j$, $\mathrm{u3}_j$ はそれぞれの軸方向への変位量を距離として表す数値そのものである．このときには $U_{11,\,j} = <\mathrm{u1}_j \cdot \mathrm{u1}_j>$ からわかるように $U_{11,\,j}$ は原子 j の $\mathbf{a}$ 方向への変位量の二乗の時間平均（平均二乗変位量（Å²）：mean-square displacement: msd，通常 $<u^2>$ と表記）に等しく，上に述べた通りこれはつまり原子位置の確率密度に関する $\mathbf{a}$ 方向への**分散値** σ^2 そのものである．

　では三軸が斜交しているときには u1, u2, u3 と U_{ik} は何を表すのか？　軸が斜交しているときには $a*$, $b*$, $c*$ は $1/a$, $1/b$, $1/c$ より大きいので（図 2-6），ui が $\mathbf{a}i$ 方向への変位量（Å）より小さい値にならないと辻褄が合わないように直感される．すなわち，u1, u2, u3 は実格子ベクトル $\mathbf{a}$, $\mathbf{b}$, $\mathbf{c}$ 方向の変位を逆格子ベクトル $\mathbf{a}*$, $\mathbf{b}*$, $\mathbf{c}*$ に垂直に投影した値になり（図 5-3），故に U_{11}, U_{22}, U_{33} は $\mathbf{a}$, $\mathbf{b}$, $\mathbf{c}$ 方向への分散値をそれぞれ $\mathbf{a}*$, $\mathbf{b}*$, $\mathbf{c}*$ 方向へ投影した値となりそうである．しかしどの教科書を見ても「U_{11}, U_{22}, U_{33} は結晶軸方向への分散値」とある．それは本当だろうか？

　簡単のため二次元を例に取って説明する．5-22 式と同様に，二つのベクトルの内積 $\boldsymbol{K}\cdot\boldsymbol{\delta}$ は

$$\boldsymbol{K}\cdot\boldsymbol{\delta} = \left(h\,\mathbf{a}* + k\,\mathbf{b}*\right)\cdot\left(\mathrm{b1}\,\mathbf{a} + \mathrm{b2}\,\mathbf{b}\right) = \left(h\,\mathbf{a}* + \mathrm{b1}\,\mathbf{a}\right)\cdot\left(k\,\mathbf{b}* + \mathrm{b2}\,\mathbf{b}\right) = h\,\mathrm{b1} + k\,\mathrm{b2}$$

$$(5\text{-}31)$$

である．$\mathbf{a}$ と $\mathbf{b}$ が直交しているときには $\mathbf{a}$ と $\mathbf{a}*$，$\mathbf{b}$ と $\mathbf{b}*$ は同じ向きを向いているから，上式は

$$\boldsymbol{K}\cdot\boldsymbol{\delta} = K_x\,\delta_x + K_y\,\delta_y \qquad (5\text{-}32)$$

と等価である．しかし斜交座標系ではそうならない．内積を取るまえに座標系を統一しなければならないので，まず両者を直交座標系に取り直す．実格子について $\mathbf{a}$，逆格子について $\mathbf{a}*$ を不変とする変換行列はそれぞれ

$$\begin{pmatrix} a' & b' \end{pmatrix} = \begin{pmatrix} a & b \end{pmatrix}\begin{pmatrix} 1 & 0 \\ \cos\gamma & \sin\gamma \end{pmatrix} \qquad (5\text{-}33)$$

$$\begin{pmatrix} h' \\ k' \end{pmatrix} = \begin{pmatrix} 1 & -\cos\gamma \\ 0 & \sin\gamma \end{pmatrix}\begin{pmatrix} h \\ k \end{pmatrix} \tag{5-34}$$

である．両者はまだ一致しないので，**a** を不変として逆格子座標系を一致させる．この回転操作は

$$\begin{pmatrix} \cos(90°-\gamma) & -\sin(90°-\gamma) \\ \sin(90°-\gamma) & \cos(90°-\gamma) \end{pmatrix} = \begin{pmatrix} \sin\gamma & -\cos\gamma \\ \cos\gamma & \sin\gamma \end{pmatrix} \tag{5-35}$$

である（回転方向に留意すること）．これらを用いて共通する直交座標系に取り直した原子の変位と散乱ベクトルの先端位置は

$$\begin{pmatrix} u1' & u2' \end{pmatrix} = \begin{pmatrix} u1 & u2 \end{pmatrix}\begin{pmatrix} 1 & 0 \\ \cos\gamma & \sin\gamma \end{pmatrix} = \begin{pmatrix} u1+u2\cos\gamma & u2\sin\gamma \end{pmatrix}$$

$$\tag{5-36}$$

$$\begin{pmatrix} h' \\ k' \end{pmatrix} = \begin{pmatrix} \sin\gamma & -\cos\gamma \\ \cos\gamma & \sin\gamma \end{pmatrix}\begin{pmatrix} 1 & -\cos\gamma \\ 0 & \sin\gamma \end{pmatrix}\begin{pmatrix} ha* \\ kb* \end{pmatrix} = \begin{pmatrix} ha*\sin\gamma - 2\big(kb*\sin\gamma\cos\gamma\big) \\ ha*\cos\gamma + kb*\big(\sin^2\gamma - \cos^2\gamma\big) \end{pmatrix}$$

$$\tag{5-37}$$

であり，両者の内積 $u1' \times h' + u2' \times k'$ のうち $ha*$, $kb*$ に関わる成分はそれぞれ

$$ha*\big(u1\sin\gamma + 2\,u2\sin\gamma\cos\gamma\big)$$
$$kb*\big\{\big(2\sin\gamma\cos\gamma\big)\big(u1+u2\cos\gamma\big) + u2\sin\gamma\big(\sin^2\gamma - \cos^2\gamma\big)\big\} \tag{5-38}$$

と整理される．それぞれが $h\,b1$ と $k\,b2$ と等価であることと，$ha*$ については $u2=0$，$kb*$ については $u1=0$ の状況を想像すれば，u1 と u2 がそのまま **a** と **b** への変位量（Å）を表すことがわかる．三次元についての考察もこれと同様である．つまり 5-30 式中の $U_{ii,\,j}$ はたとえ結晶軸が直交していなくともそれぞれの結晶軸方向への**分散値そのもの**である．これらの行列要素は異方性原子変位パラメーター (anisotropic atomic displacement parameter: atomic ADP) あるいは単に異方性変位パラメーター (anisotropic displacement parameter: ADP) と呼ばれる[53]．

　　5-30 式と似た次式

---

[53]. ADP の "A" が "atomic" を指している文献もあり（例えば Section 1.9 "Atomic Displacement Parameters" in *International Tables for Crystallography*, Vol. D, First Edition, 2003），現在も混乱は続いているように思われる．ここでは Trueblood らによる以下の答申に従うことにする．

Trueblood, K.N., Bürgi, H.-B., Burzlaff, H., Dunitz, J.D., Gramaccioli, C.M., Schulz, H.H., Shmueli, U. and Abrahams, S.C. (1996) Atomic displacement parameter nomenclature. Report of a subcommittee on atomic displacement parameter nomenclature. *Acta Crystallographica* **A52**, 770-781.

$$F_{hkl} = \sum_j \left[\begin{array}{l} f_{\text{atom}\,j} \times \exp\left\{ 2\pi i \left(hx_j + ky_j + lz_j \right) \right\} \\ \times \exp\left\{ -\dfrac{1}{4} \left(h^2 a^{*2} B_{11,j} + k^2 b^{*2} B_{22,j} + l^2 c^{*2} B_{33,j} + 2hk\, a^*b^* B_{12,j} + 2hl\, a^*c^* B_{13,j} + 2kl\, b^*c^* B_{23,j} \right) \right\} \end{array} \right]$$

$$(5\text{-}39)$$

は Debye-Waller 因子あるいは "Overall Temperature Factor" との関連で使われるが，ADP の記述としては推奨されない．

5.3.8. 対称性による制約

　逆空間に異方性原子変位パラメーターとしてもち込まれた β_{ij} は実空間における原子位置の分散 - 共分散行列の６つの要素であった．第 5.3.3. 項で一度触れたが，この行列の対角要素しか使えないならば結晶軸方向についての分散値しか指定できないし，それで指定できる楕円体の主軸（大，中，小）の向きにも制限がある．逆に考えれば，原子が特定の対称要素（席対称）に乗っていて変位に制約がある場合にはそれら六つが全部独立である必要はないと直感できるだろう．例えば原子位置が鏡面上にあれば主軸の二つは鏡面内に，一つは鏡面に垂直に立たなければならない（一致しないと鏡面対称性が壊れ，延いては空間群の対称を下げる）．他にも，晶系が正方晶系に属していて原子席が四回軸上にあれば，主軸の一つは自動的に **c** 方向に一致しなければならないし，他の二つの主軸は **c** に垂直で分散値は等しく，したがって $\beta_{11} = \beta_{22}$，$\beta_{12} = \beta_{13} = \beta_{23} = 0$ としないと正方晶系のままではいられない．このような制約は *International Tables for Crystallography*, Vol. D, Table 1.9.3.1. と 1.9.3.2. に整理されている．席対称が同じであっても対称要素の方向は各原子席（等価位置）毎に異なり，β_{ik} への制約は対称要素の方向に依存するので，自分が制約を科そうとする原子の位置とそこでの対称要素の方向，そのときの各項間の制約条件を事前に調べておかなければならない．

5.3.9. 再び等方性原子変位パラメーター

　ある原子 j の振動が等方的であったとする．このとき msd（$<u_j^2>$，σ_j^2）は全方向について共通になるから，σ_j^2 ではなく σ_j^2 と書いてよい．今これを仮に $U_{\text{iso},j}$ としておく．さて，このとき 5-21 式と 5-30 式より

$$\exp\left(-2\pi^2 \sigma_j^2 K^2 \right) = \exp\left(-2\pi^2 U_{\text{iso},j} K^2 \right)$$
$$= \exp\left\{ -2\pi^2 \left(h^2 a^{*2} U_{11,j} + k^2 b^{*2} U_{22,j} + l^2 c^{*2} U_{33,j} + 2hk\, a^*b^* U_{12,j} + 2hl\, a^*c^* U_{13,j} + 2kl\, b^*c^* U_{23,j} \right) \right\}$$

$$(5\text{-}40)$$

であって，上式の K^2 には

$$K^2 = |\boldsymbol{K}|^2 = \boldsymbol{K} \cdot \boldsymbol{K} = \left(h\,\mathbf{a}^* + k\,\mathbf{b}^* + l\,\mathbf{c}^* \right) \cdot \left(h\,\mathbf{a}^* + k\,\mathbf{b}^* + l\,\mathbf{c}^* \right)$$
$$= h^2 a^{*2} + k^2 b^{*2} + l^2 c^{*2} + 2hk\, a^*b^* \cos(\gamma^*) + 2hk\, a^*c^* \cos(\beta^*) + 2kl\, b^*c^* \cos(\alpha^*)$$

$$(5\text{-}41)$$

を代入してよいから，原子変位が等方的なときには $U_{\text{iso}, j} = U_{11, j} = U_{22, j} = U_{33, j}$，$U_{12, j} = U_{\text{iso}, j} \cdot \cos(\gamma^*)$，$U_{13, j} = U_{\text{iso}, j} \cdot \cos(\beta^*)$，$U_{23, j} = U_{\text{iso}, j} \cdot \cos(\alpha^*)$ になっている．原子変位を解析していく際に等方性原子変位モデルから出発して異方性原子変位モデルに移行する際にはまずは上のように値を割り振らなければならない．直交座標系で球であるものを軸の傾きとともに歪ませれば球はアフィン変換されて三軸楕円体になるのだから，共分散項を使って球体に修正していたということになる．ということは実空間での原子変位が球対称的だからといって共分散項を機械的に U_{ik} $(i \neq k) = 0$ としてはいけないし，対称性による制約もないのに共分散項がゼロになっていたからといって，短絡的に「異方性がない」と判断してはいけない．

等方的な場合を考えるなら 5-41 式のように方向を考える必要はなく $K = 2\sin\theta/\lambda$ であるから，5-40 式は

$$\exp\left(-2\pi^2 \sigma_j^{\,2} K^2\right) = \exp\left\{-8\pi^2 \sigma_j^{\,2}\left(\frac{\sin^2\theta}{\lambda^2}\right)\right\} \tag{5-42}$$

であり，$8\pi^2\sigma_j^2$ $\left(= 8\pi^2 <u_j^2> = 8\pi^2\, U_{\text{iso}, j}\right) = B_j$ として

$$
\begin{aligned}
F(hkl) &= \sum_j \left[f_{\text{atom}\, j} \times \exp\left\{2\pi i\left(hx_j + ky_j + lz_j\right)\right\} \times \exp\left\{-B_j\frac{\sin^2\theta}{\lambda^2}\right\} \right] \\
&= \exp\left\{-B\frac{\sin^2\theta}{\lambda^2}\right\} \times \sum_j \left[f_{\text{atom}\, j} \times \exp\left\{2\pi i\left(hx_j + ky_j + lz_j\right)\right\} \right]
\end{aligned}
\tag{5-43}
$$

と表記する．B が "overall temperature factor" である．これは原子変位量を方向だけでなく原子種を跨いで共通に扱うときに使うもので，解析の初期段階やリートベルト解析にはよく使われる．5-39 式はこれの展開形である．5-39 式と 5-40 式を比較すれば U と B がどちらも Å^2 の次元をもつことがわかるだろう．なお，β について直接関連する等方性原子変位パラメーターはない．

5.3.10. 相互変換

以下の三式を比較すれば，異方性原子変位量の表記法が異なっていてもそれらの相互変換は難しくない．

$$
\begin{aligned}
&\exp\left\{-2\pi^2 \left\langle \left(\boldsymbol{K}\cdot\boldsymbol{\delta}_j\right)^2\right\rangle\right\} \\
&= \exp\left\{-\left(h^2\beta_{11,j} + k^2\beta_{22,j} + l^2\beta_{33,j} + 2hk\beta_{12,j} + 2hl\beta_{13,j} + 2kl\beta_{23,j}\right)\right\} \\
&= \exp\left\{-2\pi^2\left(h^2 a^{*2} U_{11,j} + k^2 b^{*2} U_{22,j} + l^2 c^{*2} U_{33,j} + 2hk\, a^*b^* U_{12,j} + 2hl\, a^*c^* U_{13,j} + 2kl\, b^*c^* U_{23,j}\right)\right\} \\
&= \exp\left\{-\frac{1}{4}\left(h^2 a^{*2} B_{11,j} + k^2 b^{*2} B_{22,j} + l^2 c^{*2} B_{33,j} + 2hk\, a^*b^* B_{12,j} + 2hl\, a^*c^* B_{13,j} + 2kl\, b^*c^* B_{23,j}\right)\right\}.
\end{aligned}
$$

$$\tag{5-44}$$

以降では等方性である場合には "iso"，異方性である場合には "aniso" を付けて表す．異方性原子変位量から換算した等方性原子変位量は通常 "eq" (equivalent) を付けて表すことになっている．U_{iso} から U_{aniso} への変換は既に述べた通りで，U_{iso} や B_{iso} から β や B_{aniso} への変換はこれを援用すればよい．一方，β, U_{aniso}, B_{aniso} から U_{eq}, B_{eq} への変換は少々厄介で，β, U_{aniso} から U_{eq} への変換は以下の通りとなる

$$
\begin{aligned}
U_{\text{eq}} = \frac{B_{\text{eq}}}{8\pi^2} &= \frac{1}{3}\sum_{j=1}^{3}\sum_{l=1}^{3}U^{jl}a^{j}a^{l}\left(\mathbf{a}_{j}\bullet\mathbf{a}_{l}\right) \\
&= \frac{1}{3}\left(\frac{1}{2\pi^2}\right)\sum_{m=1}^{3}\sum_{n=1}^{3}\beta^{mn}\left(\mathbf{a}_{m}\bullet\mathbf{a}_{n}\right).
\end{aligned}
\tag{5-45}
$$

前者は「展開」(expansion)，後者（5-45 式）は「縮約」(contraction) というテンソル代数の基本的な演算である[54]．

　結晶構造因子自体が実空間の電子密度分布のフーリエ逆変換形であるにも関わらず，上記の手続きを踏むことで実空間における原子変位の「分散－共分散行列」が直接得られる．この行列から三軸楕円体の主軸方向と平均二乗変位量を求め，さらにいわゆる ORTEP 図を作図するプロセスはテンソル代数を抜きにしては説明できないので，ここから先に進むにはまずテンソル代数の基本を各自独習するのがよいだろう．ただしテンソル代数を使った具体的な手続きについては既に多数の成書があるのでここでは述べない．

5.3.11. 一般化

　フーリエ解析の世界では，（どのようなものでも）分布関数をフーリエ逆変換して $\sqrt{2\pi}$ 倍したものを元の分布関数の「特性関数」と呼ぶことになっている．関数 $\alpha(x)$ のフーリエ逆変換 $f(k)$ を 4-2 式に，関数 $p(x)$ の特性関数 $\chi(u)$ を 5-46 式に示す．ついでに結晶構造因子（4-4 式）も示す．

$$
f(k) = \frac{1}{\sqrt{2\pi}}\int_{-\infty}^{\infty}\alpha(x)\exp\{ikx\}dx \qquad (= \text{4-2})
$$

$$
f(\boldsymbol{K})_{\text{crystal}} = \int_{\text{crystal}}\rho(\boldsymbol{r})_{\text{crystal}}\exp\{2\pi i(\boldsymbol{K}\bullet\boldsymbol{r})\}d\boldsymbol{r} \qquad (\equiv \text{4-4})
$$

$$
\chi(u) = \sqrt{2\pi}\,\hat{p}(-u) = \int_{-\infty}^{\infty}p(x)\exp\{iux\}dx. \qquad (\text{5-46})
$$

　4-2 式と 5-46 式はほぼ同じだが，ただし完全に同じではない．一方で 4-4 式を 5-46 式と見比べてみると，何の事はなく両者は（指数関数部の表記法が違う以外は）同じである．ここまでを整理しつつ一般化すると

---

54. 原子変位パラメーターの内容およびそれらの表記法についてはすでに挙げた Trueblood *et al.* (1996) による答申に整理されている．

１：分布関数をフーリエ逆変換して $\sqrt{2\pi}$ 倍したものを分布関数の特性関数と呼ぶ.

２：結晶構造因子とは結晶内の電子密度分布の特性関数である.

３：分布関数が複数の分布関数の「畳み込み」のときには，全体のフーリエ変換はそれぞれの分布関数を別々にフーリエ変換したものの積になる.

４：原子核の周りの電子雲は f_{atom} として，原子の平均位置は座標として既に変換されている.

５：故に，原子が変位しているなら，和を取る前の結晶構造因子に各原子の分布関数の特性関数を乗すればよい.

各原子の分布関数の特性関数は 5-20 式に既に分離されて現れているし，特性関数に含まれる時間平均の解析的表現は 5-25 式に示した. つまりこの特性関数を拡張するには 5-25 式中の $\left\langle \left(\boldsymbol{K} \cdot \boldsymbol{\delta}_j \right)^2 \right\rangle = \mathbf{h}^T \boldsymbol{\sigma}_j^2 \mathbf{h}$ の部分を拡張すればよいことがわかる.

5.3.12. 確率過程と元素拡散

原子核の周囲の電子の分布については第 1.3.1. 項で，平衡位置の周りの原子の変位については第 5.3.4.〜5.3.11. 項で扱ったが，どちらも確率密度の分布に基づいた考察であり，時間の経過に伴う変位の過程は考慮していない. 一方で，第 5.2.1. 項で触れたように原子の変位の内の振動成分は概ね格子振動の重ね合わせと見なせる. 詳細についてここでは述べないが，格子振動は進行波として，そして現実の原子振動は複数の進行波の重ね合わせとして記述するのが適切である，つまり，ある瞬間 t での原子の位置は時間 T の関数としてほぼ完全に規定されるのであって，このような振動では原子は互いに強く拘束されていて，結晶中で変位することはできても位置を替えることはできない. その一方で現実の固体中では元素は拡散することも濃集することもある. 元素の拡散／濃集とは局所的な原子の交換の連鎖のことであり，局所的には中間の状態を取ることのない離散的な関数でもある. 本書の目的からは外れるが，ここで少し寄り道をして確率過程と元素拡散について考えてみる.

5.3.12.1. 確率過程

賽子を10回振ってこれを一セットとする. 「何回目の試行か？」は感覚的には経過時間のようなものなのでこれを T とする. これを５人がやる. ある人物（ω とする）が t 回目に振って出た目を $X_t(\omega)$ として記録することにする. t が増えるにつれて $X_t(\omega)$ の取る値が変わっていくことを「確率過程」，t の範囲 T を「添字集合」，$X_t(\omega)$ が取っている値を確率過程の「状態」，$X_t(\omega)$ が取り得る値

の範囲（ここでは1から6）を「確率過程の状態空間」と呼び，$X_t(\omega)$ が10個並んだ一組を「標本関数」，6^{10} 通りある標本関数を全部ひっくるめて「標本空間」と呼ぶ．縦軸に状態空間，横軸に試行回数を取って10回の試行結果をプロットすると，横軸の整数値 t の位置に高さの違う棒が立っていて，この棒の高さが取り得る高さは1から6までの整数であって，並ぶ棒の高さには規則性がなく，そしてこれが $t = 1$ から $t = 10$ まで（$t \in T$）続く（$t \in T$ は「t は T の要素である」の意）．確率過程の考え方は直感とは少し異なっていて，標本関数を確率変数の集合と捉える．つまり，t 回めに出た目 X_t は振った人それぞれに違うので，$X_1(\omega), X_2(\omega), X_3(\omega), \dots X_{10}(\omega)$ のそれぞれが確率変数である．賽子を振る場合であれば $X_t(\omega)$（$t \in T$）は確率論的に互いに独立である．$X_t(\omega)$ は 5×10 の行列として書けて，ω を固定すれば（t を変数とした）標本関数のうちの一つ，t を固定すれば（その値が確率的に定まる）確率変数である．

この確率過程を $\{X_t(\omega); t \in T\}$ と表記するが，ここで ω が標本関数の識別記号に過ぎないことに注意！ $X_t(\omega)$ 表記中の ω は変数ではない．このため ω を省略して $\{X_t; t \in T\}$ と書いたり，あるいは $\{X(t)\}$ と書いてしまうことのほうが多い．10ある $X_t(\omega)$ がそれぞれ独立した確率変数なのだから，$X_t(\omega)$ の平均値を求めたければ5人それぞれが t 回目に出した結果について統計を取らなければならない．そして $X_t(\omega)$ の平均値とは $X_t(\omega)$ が取り得る「状態」（ここでは値）毎にその出現確率と $X_t(\omega)$ の値との積を取り，それを標本関数内 t ではなく標本空間 ω について平均することで得られる．つまり　$\left\langle X_t(\omega) \right\rangle = \left\langle \sum Pr\{X_t(\omega)\} X_t(\omega) \right\rangle$　あるいは　$\left\langle X_t \right\rangle = \left\langle \sum Pr\{X_t\} X_t \right\rangle$　である．

確率変数 $X_t(\omega)$ が互いに独立であるならば，つまり $X_{t+1}(\omega)$ の状態が $X_t(\omega)$ の状態に依存しないならば，そのときには $X_t(\omega)$ の ω に関する平均値は一つの標本関数内で t について取った平均値と等しくなるはずである．

次の例として X 軸上を移動する玉を考える．軸上の整数値の位置はそうでない位置に比べて窪んでいて，玉は窪みに嵌っているがブルブル震えている．この振動のせいで玉は時々窪みから飛び出して隣に移動してしまうとする．玉の位置は既に離散的だが，さらに簡単にするために経過時間も離散的にしておこう．経過時間を充分短くすれば，時刻 t に位置 i_t にあった玉が時刻 $t+1$ にいる位置は $i_t - 1, i_t, i_t + 1$ の3通りに簡略化できる．時刻 $t+1$ に玉が位置 $i_t + 1$ にいる確率を p，$i_t - 1$ にいる確率を q，相変わらず i_t にいる確率を r とすると，$r = 1 - p - q$ であることはすぐにわかる．これら p, q が時刻 $t-1$ での位置（これも $i_t - 1, i_t, i_t + 1$ の3通りある）と無関係であるなら，ある瞬間での玉の位置はその直前での位置（状態）には依存するが，それより前の位置には依存しない．このような確率過程を「単純離散マルコフ過程（マルコフ連鎖）」と呼ぶ．直感的にはこの確率変数は極端に物忘れがひどいと捉えればよい．この確率過程を結晶中の元素拡散に見立てる．

5.3.12.2. 均質な一次元媒体中の拡散

窪みの一つに赤い玉が入っていて，残りの窪みには白い玉が入っているとする．赤い玉の跳び移りはつまり紅白の交換であり，このとき $p=q$ でありかつ p,q は i に依存しない．$p=q$ であるから赤い玉は時々元の位置に戻り，無限遠に到達する確率はゼロである．赤い玉の数を2個に増やしてこれらを並べ，同様に周囲の白玉と交換させても，これら二つの赤い玉が無限に遠ざかる確率はゼロである．つまり均質な一次元媒体中で $p=q$ でありかつ p,q が i に依存しないならば，原子は拡散しない．所々が空席になっているとしても結論は変わらない．原子が媒体中を移動していくためには $p \neq q$ でなければならない．ガスセンサーや燃料電池に使われる固体電解質は $p \neq q$ であるときに起きるイオン伝導を利用するものである．

5.3.12.3. 均質な三次元媒体中の拡散

現実の結晶中では異種原子群は混じり合い拡散していくだけではなく逆に濃集することもあるし，陽イオン配列の秩序化なども起きている（例えば斜長石系列など）．特に同種原子の濃集は媒体中の拡散流速が負になることに相当するわけで，これは固体中の元素拡散（あるいは移動）の過程は濃度勾配が拡散の駆動力になるような過程とは全く異なることを端的に示している．結晶中で起きる陽イオン配列の秩序化や，均一な単相から組成の異なる二相への分離は位置 i の周囲の局所的な原子配列がそこでの p,q の大小関係を決めていることを表す．もしも原子種の違いが p,q の大小関係に影響しなければそれらは固溶体系列を形成するだろう．このように p,q,i の関係は原子配列にのみ依存し温度には依存しないように思われるが，現実には温度が上昇するにつれて無秩序化が進行したり，ある温度を転移点として秩序・無秩序転移が生じる．転移温度は結晶種毎に異なるものの，一般に低温側で秩序が生じる．

上記一次元媒体中についての考察は二次元媒体中まで成り立つが，面白いことに三次元では $p=q$ であっても確率変数が無限遠に遠ざかる確率がゼロにならないことが知られている．つまり温度が充分に高くて熱による原子の交換が原子配列から求められる p と q のアンバランスを無視できるほどに大きくなれば，特段の駆動力がなくとも三次元媒体中では拡散と均質化が起こり得る．

以上の議論は熱力学的視点を欠いており不適切とする向きもあるだろうが，交換するペア毎に $p \approx q$ となる温度を考察することで，岩石のような複雑な系であってもその挙動を単純なモデルに還元できるだろう．

6. 正規分布からの逸脱：非調和性の導入

6.1. 復習と予察

第5章では結晶構造因子が結晶内の電子密度分布をフーリエ逆変換して $\sqrt{2\pi}$ 倍したもの（分布関数の特性関数）であること，原子が変位しているなら，和を取る前の結晶構造因子に各原子の分布関数の特性関数を乗ずればよいことを示した．分布が正規分布に従う場合については 5-30 式に示された通りで，結晶構造因子は実空間の電子密度分布のフーリエ変換型で K の関数だが，正規分布に従う ADP としては実空間における原子位置の分散 - 共分散行列の六つの要素をそのままの形で使うことができる[55].

本章では各原子の分布関数が正規分布に従っていない場合について考察する．正規分布の特性関数はガウス分布であるから比較的シンプルな形で表現できたが，5-25 式に示した $\mathbf{h}^T \boldsymbol{\sigma}^2 \mathbf{h}$ の部分を拡張するにはどうすればよいだろうか．一つ目のアプローチは正規分布ではなく一般的な確率分布の特性関数を導入するもの，二つ目のアプローチは現実の分布と正規分布との差分を定量評価するものである．どちらにしても分布関数の微分型とモーメント，それらを使った級数展開が必要になるので，まずそれらについて述べ，その後に二つのアプローチについて説明する．

6.2. 確率分布のモーメント，モーメント母関数，特性関数，キュムラント平均と特性関数のキュムラント展開

6.2.1. モーメント

ここで暫く確率分布の「モーメント（積率）」なるものについて考える．これは角運動量とは全く違うものなので，まずは確率論でこの言葉を使うときの定義を見てみよう．

確率変数 X の確率密度 $\rho(x)$ は常に正で，積分値は1である．確率密度が x の両端でちゃんとゼロに収束しているなら，どのような整数 n に対しても

$$\int_{-\infty}^{\infty} |x^n| \rho(x) dx < \infty \tag{6-1}$$

が成り立っているはずである．次に $\rho(x)$ について

$$\mu_n = \int_{-\infty}^{\infty} x^n \rho(x) dx \qquad (n = 0, 1, 2, ...) \tag{6-2}$$

---

55. 実空間の原子変位（座標値のぶれ）を正規分布に近似してフーリエ変換したものは K についての正規分布で，その分散は原子変位の分散 σ^2 の逆数になる．このため K の分布を表現する式に実空間での分散 σ^2 が「一見するとそのままの形で」出てくる．

を求め，これを確率密度 $\rho(x)$ の n 次のモーメント μ_n と定義する．μ_0 は確率の積分値である "1" になり（図1-11），μ_1 は確率変数 X の期待値 $E(X)$（$\equiv$ 平均値 $\langle X \rangle$）になる（5-10b 式）．n 次のモーメントは x^n の期待値になるのでこれを $E(X^n)$ と書いてもよいだろう．ここでは $\mu_1 = 0$ を前提にしていないことに注意！ これが気になるので「原点の周りの n 次のモーメント（付点付き）」$E(X^n) = \mu_n'$ と「平均位置の周りの n 次のモーメント（付点無し）」$E\{(X-\mu_1)^n\} = \mu_n$ を区別する．さて，X の確率分布における分散を $\mathrm{Var}(X)$ と書くのだが，この定義は「平均値からのずれ $(x-\mu_1)$ の二乗の期待値」であって，X が連続分布するなら（5-11b 式 $\langle g(X) \rangle = \int_{-\infty}^{\infty} \rho(x)g(x)\,dx$ より）$\mu_2 = \int_{-\infty}^{\infty} \rho(x)\left\{\left(x-\mu_1\right)^2\right\}dx$ である．これと $E(X^2) \equiv \mu_2'$ との関係は

$$
\begin{aligned}
\mathrm{Var}(X) &= E\left\{\left(X - \langle x \rangle\right)^2\right\} = E\left\{\left(X - \mu_1\right)^2\right\} \\
&= E\left(X^2 - 2\mu_1 X + \mu_1^{\ 2}\right) \\
&= E(X^2) - 2\mu_1 E(X) + \mu_1^{\ 2} \\
&= E(X^2) - 2\mu_1 \bullet \mu_1 + \mu_1^{\ 2} \\
&= E(X^2) - \mu_1^{\ 2} \\
&= \mu_2' - \mu_1^{\ 2} \\
&= \mu_2
\end{aligned}
\tag{6-3}
$$

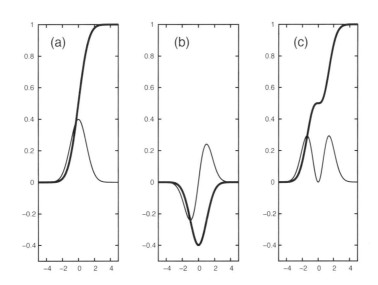

図6-1．標準正規分布（平均位置 0, 分散 1, 積分値 1）について $x^n \cdot \rho(x)$ （細線）とその積分値（太線）．$x^n \cdot \rho(x)$ の積分値は x^n の期待値（平均値）であり，確率変数 X の分布関数の n 次のモーメントである．(a) $n = 0$; (b) $n = 1$; (c) $n = 2$.

となる．平均位置の周りの2次のモーメント μ_2 が分散そのもの（正規分布であれば σ^2）であることは分布関数の種類によらず同様であって，そしてそれがどのようなものかは元の分布関数によって異なる．標準正規分布についての $0 \sim 2$ 次のモーメントを図6-1に示すが，一般に偶関数では奇数次のモーメントがゼロになり偶数次のモーメントが値をもつことがわかる．確率密度が x の両端でちゃんとゼロに収束していないなら（例えばローレンツ分布など），期待値は定義されないし2次モーメントは無限大に発散する．

6.2.2. モーメント母関数と特性関数

6.2.2.1. モーメント母関数

ところで，X は任意の確率変数であって確率密度関数 $\rho(x)$ をもっているのだった．θX（θ は実数の定数）を使った $\exp(\theta X)$ を考えると，これもまた確率変数になっていて分布関数をもっている．第5.3.4.項で説明した通り，$X = x_i$ における確率密度 $\rho(x_i)$ と $\exp(\theta x_i)$（θ は実数の定数）との積を取り，x について積分すると，x ではなく $\exp(\theta x)$ の期待値が得られる．この値は θ に依存して変わる．これを $M(\theta) \equiv E\{\exp(\theta X)\}$ として

$$M(\theta) \equiv E\{\exp(\theta X)\} = \int_{-\infty}^{\infty} \rho(x)\exp(\theta x)\,dx \tag{6-4}$$

と書くことにする（図6-2, 6-3）．

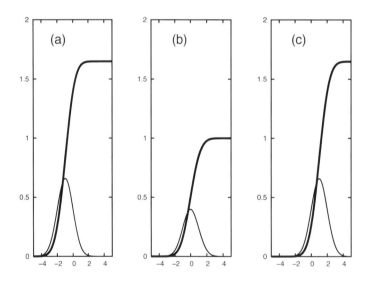

図6-2．標準正規分布（平均位置 0, 分散 1, 積分値 1）について $\exp(\theta x) \cdot \rho(x)$（細線）とその積分（太線）．$\exp(\theta x) \cdot \rho(x)$ の積分値は x ではなく $\exp(\theta x)$ の期待値（平均値）であり、これを $M(\theta)$ とする．分布関数が偶関数であれば $M(\theta)$ も偶関数になる．(a) $\theta = -1$; (b) $\theta = 0$; (c) $\theta = 1$.

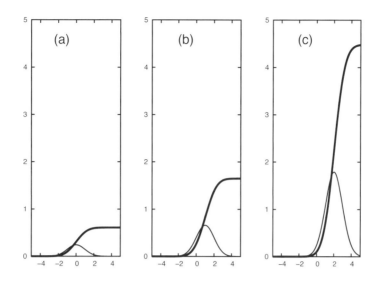

図 6-3. 標準正規分布を平行移動したもの（平均位置 m, 分散
1, 積分値 1）について $\exp(\theta x) \cdot \rho(x)$ （$\theta = 1$: 細線）とその積分
（太線）. (a) $m = -1$; (b) $m = 0$; (c) $m = 1$.

$M(\theta)$ は θ を変数とした関数と見なすことができるから，これを θ で微分することも可能に思える．実際のところ $\theta = 0$ を含んだ適当な範囲について $M(\theta)$ が値をもつ（$\exp(\theta x)$ の期待値が得られる）ならば $M(\theta)$ は $\theta = 0$ の位置で微分可能で，かつ $M(\theta)$ の l 回微分の原点での値 $M^{(l)}(0)$ について

$$M^{(l)}(0) = E(X^l) = \mu_l' \tag{6-5}$$

が成り立つことがわかっている（証明略）．つまり $M(\theta)$ を微分することで原点の周りの任意の次数のモーメントが求められる．この性質があるので $M(\theta)$ を元の関数のモーメント母関数（moment-generating function）と呼ぶ．なお，上に挙げたローレンツ分布にはモーメント母関数は存在しない（確率密度が x の両端でちゃんとゼロに収束していないため）．

　一般の正規分布についてモーメント母関数を求めてみよう．まず一般論としてある確率変数 X の確率密度関数を $f(x)$ とし，新たな確率変数 Z を $Z = \sigma X$ とするなら，Z の確率密度関数 $g(z)$ は単純に x 方向に伸びるから $g(z) = (1/\sigma) \cdot f(Z/\sigma)$ になる（積分値が 1 になるように全体を σ で割る）．同様に $Z = X + \mu$ とするなら，Z の確率密度関数 $g(z) = f(Z - \mu)$ となる．以上から，ある確率変数 Z が別の確率変数 X を用いて $Z = \sigma X + \mu$ と表記できるなら，Z の確率密度関数 $g(z)$ は X についての確率密度関数 f を用いて

$$g(z) = \frac{1}{\sigma} \cdot f\left(\frac{z - \mu}{\sigma} \right) \tag{6-6}$$

と表記できる．そして，確率変数 X のモーメント母関数が $M(\theta)$ であるなら，確率変数 $Z = \sigma X + \mu$ のモーメント母関数 $E\{\exp(\theta Z)\}$ は

$$E\left(\exp\left((\sigma X + \mu)\theta\right)\right) = E\left(\exp(\sigma X\theta) \cdot \exp(\mu\theta)\right)$$
$$= \exp(\mu\theta) \cdot M(\sigma\theta) \tag{6-7}$$

になる．次に，確率変数 X が標準正規分布に従うとして，これの $M(\theta)$ を求めると

$$M(\theta) = \int_{-\infty}^{\infty} \exp(\theta x) \frac{1}{\sqrt{2\pi}} \exp\left(\frac{-x^2}{2}\right) dx$$
$$= \exp\left(\frac{\theta^2}{2}\right) \int_{-\infty}^{\infty} \frac{1}{\sqrt{2\pi}} \exp\left(\frac{-(x-\theta)^2}{2}\right) dx \tag{6-8}$$
$$= \exp\left(\frac{\theta^2}{2}\right)$$

である．さて，確率変数 X が標準正規分布（標準偏差 1，平均 0）に従っているならば確率変数 $Z = \sigma X + \mu$ は標準偏差 σ 平均 μ の正規分布に従うので（第 5.3.2. 項を参照），6-8 式の θ を $\sigma\theta$ に置き換えてから 6-7 式に代入して

$$E\left(\exp\left((\sigma X + \mu)\theta\right)\right) = \exp(\mu\theta) \cdot \exp\left(\frac{\sigma^2\theta^2}{2}\right)$$
$$= \exp\left(\mu\theta + \frac{\sigma^2}{2}\theta^2\right) \tag{6-9}$$

を得る．これが一般の正規分布についてのモーメント母関数となる．

6.2.2.2. 特性関数

次に 6-4 式を少し書き換えた次式

$$\varphi(t) \equiv E\left\{\exp(i \cdot t \cdot x)\right\} = \int_{-\infty}^{\infty} \rho(x) \exp(i \cdot t \cdot x) dx \tag{6-10}$$

を考える（i は虚数単位）．モーメント母関数が存在するならこれは θ を $i \cdot t$ で置き換えるだけで即座に得られる：

$$\varphi(t) = M(i \cdot t). \tag{6-11}$$

モーメント母関数と同様に $\varphi(t)$ を微分することでも原点の周りの任意の次数のモーメントが求められる．また，モーメント母関数が存在しないローレンツ分布でも，この関数を考えることができる（証明略）．実際のところ，この関数は任意の分布関数について存在し，かつ一対一に対応する．この対応性からこの関数を元の分布関数の特性関数と呼ぶ．とりあえず標準偏差 σ（分散 σ^2）平均 μ の正規分布の特性関数は（6-9 式より）

$$\varphi(t) = \exp\left(i\mu t - \frac{\sigma^2}{2}t^2\right) \tag{6-12}$$

124

とわかる（5-21式と比較すること）．4-2式と6-10式を比較すれば一目瞭然，ここまでの作業は分布関数をフーリエ逆変換する（そしてさらに $\sqrt{2\pi}$ 倍する）作業である．故に，フーリエ変換と同様な以下の反転公式が成り立つ．

$$\varphi(t) = \int_{-\infty}^{\infty} \rho(x) \exp(i \cdot t \cdot x) dx$$

$$\rho(x) = \frac{1}{2\pi} \int_{-\infty}^{\infty} \varphi(t) \exp(-i \cdot t \cdot x) dt.$$

(6-13)

6-12式が正規分布になっていることは正規分布のフーリエ変換形もまた正規分布であることを示していて，両者の分散は互いに逆数の関係になっている．6-13式はまた「特性関数は確率変数を指数部に含む指数関数の平均値である」ことを示している．

6.2.3. 特性関数のキュムラント展開（拡張 Edgeworth 級数展開）

任意の分布関数であってもその特性関数を指数関数で表現できさえすれば，それを結晶構造因子に組み入れることができる．実際のところ6-12式を三次元に拡張して $t = 2\pi\mathbf{K}$, $\mu = \mathbf{r}_j (= x_j, y_j, z_j)$, $\sigma = \boldsymbol{\sigma}$ を代入するとそのまま5-26式の指数関数部になっている．というわけで次のステップとして任意の分布関数の特性関数を指数関数で表現してみよう．

確率変数 X の分布関数（元々考えていた分布関数）について原点の周りのモーメントが s 次まで取れるならば，この分布関数の特性関数 $\varphi(t)$ は $t = 0$ のまわりに以下のように漸近展開できる（テイラー展開：証明略）．

$$\varphi(t) = 1 + \sum_{l=1}^{s-1} \frac{(i \cdot t)^l}{l!} \mu_l' + O(t^s). \qquad (t \to 0)$$

(6-14)

$O(t^s)$ はランダウの記号で，元の関数と展開形との差が t^s より小さくなることを表す．両辺の対数を取った後にマクローリン展開して

$$\log \varphi(t) = \log \left[1 + \sum_{l=1}^{s-1} \frac{(i \cdot t)^l}{l!} \mu_l' + O(t^s) \right]$$

$$= \sum_{k=1}^{\infty} \frac{(-1)^{k+1}}{k} \left(\sum_{l=1}^{s-1} \frac{(i \cdot t)^l}{l!} \mu_l' + O(t^s) \right)^k$$

(6-15)

$$= \sum_{k=1}^{\infty} \frac{(-1)^{k+1}}{k} \left((i \cdot t) \mu_1' + \frac{1}{2} (i \cdot t)^2 \mu_2' + \frac{1}{6} (i \cdot t)^3 \mu_3' .. \right)^k$$

を得たのち，律儀に計算して

$$\log \varphi(t) = (i \cdot t)^1 \mu_1' + \frac{1}{2} (\mu_1'^2 - \mu_2')(i \cdot t)^2 + ...$$

(6-16)

を得る．この対数も6-14式と同様に漸近展開をもつから

125

$$\log \varphi(t) = (it)^1 \frac{\lambda_1}{1} + (it)^2 \frac{\lambda_2}{2} + ... + (it)^{s-1} \frac{\lambda_{s-1}}{(s-1)!} + O(t^s) \tag{6-17}$$

と展開できる（特性関数 $\varphi(t)$ のキュムラント展開）．6-16 式と 6-17 式のどちらであっても右辺を指数関数部に放り込めば任意の分布関数を含んだ結晶構造因子になる．6-17 式に現れる係数 λ_n をキュムラント（あるいはキュムラント平均）と呼び，6-16 式はキュムラントを得る元になるのでキュムラント母関数と呼ばれる．6-14 式を展開して両辺の対数を取った次式

$$\log \varphi(t) = \log \left[1 + it\mu_1' + \frac{1}{2}(it)^2 \mu_2' + \frac{1}{6}(it)^3 \mu_3'... \right] \tag{6-18}$$

と，6-17 式を t で微分したものとを比較すれば μ_n' と λ_n の関係が得られる（この関係式は大抵の教科書や解説に詳述されているのでここでは省略する）．

μ_n' が $<x^n>$ のことだったことを思い出せば，6-16, 6-17 式はまた「特性関数（指数関数の平均値）を平均値（あるいはキュムラント平均）の指数関数の積で置き換えることができる」ことを示している．さらに，正規分布のキュムラント母関数は（6-12 式より即座に）$i\mu t - \frac{\sigma^2}{2}t^2$ とわかり，これと 6-17 式を比較すれば正規分布は ADP に相当する項より先のキュムラントをもたないことがわかる．正規分布自体が四次以上の偶数次のモーメントをもっているにも関わらずキュムラント平均を用いて表現したときに三次以上の項がみなゼロになるのは正規分布の重要な特徴である．複数の分布関数の畳み込みをフーリエ変換した物はそれぞれをフーリエ変換したものの積になるのだから，6-16, 6-17 式の各項にはそれぞれ対応する分布関数があり，元の分布関数をそれら複数の分布関数の畳み込みとして扱っていることになる．そう考えれば正規分布について一次のキュムラント平均が平均位置，二次のキュムラント平均が分散になり，三次以上のキュムラント平均がみなゼロになるのは直感的にも正しい．三階以上のテンソルは原子変位の正規分布（調和振動）からの逸脱成分を表現しているので，それらの項を「非調和性原子変位パラメーター」（anharmonic atomic displacement parameter）と呼ぶ．6-17 式を三次元に拡張したもの（四次項まで）は次式

$$\varphi(t) = \exp\left(\frac{1}{1} i^1 \lambda_1^{\,j} t_j + \frac{1}{2} i^2 \lambda_2^{\,jk} t_j t_k + \frac{1}{3!} i^3 \lambda_3^{\,jkl} t_j t_k t_l + \frac{1}{4!} i^4 \lambda_4^{\,jklm} t_j t_k t_l t_m \right) \qquad j,k,l,m = 1 \sim 3$$

$$\tag{6-19}$$

で表され，これを結晶構造因子として用いるのであれば 5-26 式と同じ記号を使って

$$\varphi(\boldsymbol{K}) = \exp\left(\frac{2\pi}{1} i^1 \left(x^j h_j \right) + \frac{(2\pi)^2}{2} i^2 \left(\beta^{jk} h_j h_k \right) + \frac{(2\pi)^3}{6} i^3 \gamma^{jkl} h_j h_k h_l + \frac{(2\pi)^4}{24} i^4 \delta^{jklm} h_j h_k h_l h_m \right)$$

$$= \varphi(\boldsymbol{K})_{Gauss} \times \exp\left(\frac{(2\pi)^3}{6} i^3 \gamma^{jkl} h_j h_k h_l + \frac{(2\pi)^4}{24} i^4 \delta^{jklm} h_j h_k h_l h_m \right)$$

$$\tag{6-20}$$

と表記される．添字 j, k, l, m が $1 \sim 3$ の値を取ることは言うまでもなく，それぞれの項についての和の取り方もわかるだろう．この展開式について，高階テンソルを用いたときの分布関数の再現精度に関する考察はフーリエ級数の打ち切り効果に関する考察と同義である．6-20 式を使って回折強度を精密に再現できたら，反転公式を使って原子の分布関数を逆算できるはずである．6-20 式をフーリエ逆変換した後に指数関数部をテイラー展開し，微分演算子を三次元エルミート多項式で表記したもの（分布関数の一般式，ただし四次項まで）は次式で示される

$$\rho(\boldsymbol{u}) = \rho(\boldsymbol{u})_{Gauss} \times \exp\left[1 + \frac{1}{3!}\gamma^{jkl}H_{jkl}(\boldsymbol{u}) + \left\{ \frac{1}{4!}\delta^{jklm}H_{jklm}(\boldsymbol{u}) + \frac{10}{6!}\gamma^{jkl}\gamma^{mno}H_{jklmno}(\boldsymbol{u}) \right\} \right].$$

(6-21)

これは拡張 Edgeworth 級数展開と呼ばれる．6-17 式から 6-19 式の導出，6-20 式から 6-21 式の導出，四次項までなのに添字が六つある理由についてはテンソル代数と多次元エルミート多項式（multidimensional Hermite polynomial）についての知識が必要なのでここでは省略する．

6.3. 準モーメントと Gram-Charlier 級数展開

原子の変位が正規分布で表現しきれない場合について，第 6.2. 節ではモーメントとキュムラント平均を使って特性関数（$\boldsymbol{K}$ 空間の関数）を拡張することで対応した．これは実空間の分布関数を正規分布と高次項との畳み込みとして扱うことに対応する．もう一つのアプローチはフーリエ変換前の分布関数を正規分布ともう一つの分布関数（$\boldsymbol{r}$ 空間の関数）の積と捉えて，その積をフーリエ変換するものである．この積は単純な算術積（畳み込みではない）なので，これの特性関数は特性関数のキュムラント展開形とは別の物になる．

6.3.1. 相関母関数とモーメント関数

任意の確率過程を二つに分けて，片方を相関母関数（generalized correlation function），もう一方をモーメント関数（moment function）と呼び，それらを使って確率密度関数を表記する．このために提案されたのが準モーメント（quasimoment）と多次元エルミート多項式を使った関数表記である．この展開表記では相関母関数として直交一次形式の正規分布を，モーメント関数として準モーメントと多次元エルミート多項式を使う．母関数が直交一次形式なのでエルミート多項式の直交性をうまく利用できる．また，級数を適当な箇所で打ち切った場合でもポテンシャルの高次項の効果は繰り込まれ，漸近展開であるために打ち切りの効果（ずれ）が小さいというメリットがある．

実空間での分布関数の一般形を次式で近似する（四次項まで）

$$\rho(\boldsymbol{u}) = \rho(\boldsymbol{u})_{Gauss} \times \left[1 + C^j H_j(\boldsymbol{u}) + \frac{1}{2!}C^{jk}H_{jk}(\boldsymbol{u}) + \frac{1}{3!}C^{jkl}H_{jkl}(\boldsymbol{u}) + \frac{1}{4!}C^{jklm}H_{jklm}(\boldsymbol{u}) \right].$$

(6-22)

これをフーリエ変換して特性関数を導く．これは次式で表される

$$\varphi(\boldsymbol{K}) = \varphi(\boldsymbol{K})_{Gauss} \times \left[1 + \frac{2\pi}{1!} i^1 C^j h_j + \frac{(2\pi)^2}{2!} i^2 C^{jk} h_j h_k + \frac{(2\pi)^3}{3!} i^3 C^{jkl} h_j h_k h_l + \frac{(2\pi)^4}{4!} i^4 C^{jklm} h_j h_k h_l h_m \right].$$

(6-23)

これらの近似式が最も速く収束するのは C_j と C_{jk} がそれぞれ原子の平均位置と分散に一致したとき
で，そのときの他の準モーメントを固有準モーメント（proper quasimoment）と呼ぶ．このとき

$$\varphi(\boldsymbol{K}) = \varphi(\boldsymbol{K})_{Gauss} \times \left[1 + \frac{(2\pi)^3}{3!} i^3 C^{jkl} h_j h_k h_l + \frac{(2\pi)^4}{4!} i^4 C^{jklm} h_j h_k h_l h_m \right],$$ (6-24)

$$\rho(\boldsymbol{u}) = \rho(\boldsymbol{u})_{Gauss} \times \left[1 + \frac{1}{3!} C^{jkl} H_{jkl}(\boldsymbol{u}) + \frac{1}{4!} C^{jklm} H_{jklm}(\boldsymbol{u}) \right]$$ (6-25)

と表記できる．この級数展開を Gram-Charlier 展開と呼ぶ．

　準モーメントがどのような物理的意味をもつのかを数式の形のままで平易に説明するのは難し
い．ただし，三次元の座標が 3×1 の行列（一階のテンソル），同じく分散が 3×3 の行列（二階のテ
ンソル）で表記されるので，三次のキュムラントと準モーメントは $3 \times 3 \times 3$ の行列（三階のテンソ
ル）で表現されるだろうし，その要素には添字が三つ，例えば下添字 $j, k, l\,(j, k, l = 1 \sim 3)$ が付く．三
次のキュムラントと準モーメントが平均位置に関する反対称性（奇関数），四次のキュムラントと準
モーメントが平均位置に関する対称性（偶関数）を表現することは直感的にわかる．これらの三次項
は歪度（skewness）あるいは「ひずみ」，四次項は尖度（kurtosis）あるいは「尖り」として正規分布
からのずれの指標として広く使われているものである[56]．幸いなことに *International Tables for
Crystallography*, Vol. D には準モーメントの六次項までが立体的に示されているので参照するのがよ
い．

---

56. 粉末回折パターンから結晶構造の種々のパラメーター値を精密化するリートベルト解析では，結
晶構造や原子変位を記述するパラメーター群の他に回折線のプロファイルを回折角の関数として記述
するためのパラメーター群を扱わなければならない．一つずつの回折線のプロファイルはガウス型に
近いが厳密には異なる．そこで，尖りを記述するためにフォークト関数（Voigt function）あるいは準
フォークト関数（pseudo-Voigt function）を用いることが多い．前者は正規化されたガウス分布とロー
レンツ分布の畳み込みであり，その考え方はキュムラントに似る．後者は扱いを容易にするために
（畳み込みではなく）両者の算術和を取るものである．三次項に当たる内容は，回折線プロファイル
を頂点を挟んだ低角側と高角側の斜面に分けてそれぞれ別の分散値を適用して記述することが多い．
粉末回折線のプロファイルについては以下が詳しい．

井田 隆「粉末回折ピーク形状の「尖り度」を特徴づける新しいパラメーター」名古屋工業大学セラ
ミックス基盤工学研究センター年報 6 巻，1-11，2007年3月．URL http://id.nii.ac.jp/1476/00002265/

128

7. 参照すべき教科書

　序文を含めた本文中でいくつかの教科書や関連論文に触れた．それらの他にも数学操作と結晶学の基礎についてより充実した教科書や演習書が出版されているので，それらを以下に挙げる．

行列，ベクトル，テンソルの演習
　　ベクトル解析（マグロウヒル大学演習シリーズ）Murray R. Spiegel, 高森寛（著）マグロウヒル出版 1983. ISBN-13: 978-4895013260.
結晶格子，特にブラベ格子について
　　固体物理の基礎 上・1 固体電子論概論（物理学叢書 46）Neil Ashcroft, David Mermin（著）松原 武生, 町田 一成（訳）吉岡書店 1981. ISBN-13: 978-4842701981.
点群の操作と逆空間について，および物性との相関について
　　結晶学と構造物性　入門から応用，実践まで（物質・材料テキストシリーズ）野田幸男（著）内田老鶴圃 2017. ISBN-13: 978-4753623075.
格子振動について
　　固体物理の基礎 下・1 固体フォノンの諸問題（物理学叢書 48）Neil Ashcroft, David Mermin（著）松原 武生, 町田 一成（訳）吉岡書店 1982. ISBN-13: 978-4842702025.

　本書ではテンソル代数の詳細や行列を使った対称性の表記までは踏み込まなかったし，実際に結晶構造を精密化する段階で使われる種々の数学手法（最小二乗法，誤差の評価，構造モデルへの制約など）には触れなかった．それらについては日本語の教科書を探すよりも本文中でも一度触れた下記を読むのが良い．

"Mathematical Techniques in Crystallography and Materials Science" Edward Prince (author), Springer-Verlag (1982). ISBN 0-387-90627-4（同 2nd edition, Springer-Verlag (1994). ISBN-13: 978-3540581154, 同 3rd edition, Springer (2013). ISBN-13: 978-3540211112）.

　下記の教科書は広範な内容を簡潔に記述しており，英語を読むのに不自由がなくかつ読み飛ばさずに一つ一つ理解していくタイプの読者には好適であろう．日本語版が出版されていないのを残念におもう．

"Crystals and Crystal Structures" Richard Tilley (author), John Wiley & Sons Ltd. (2006). ISBN 13: 978-0-470-01821-7.

結晶によるX線の
回折現象とその記述

2022 年 3 月 29 日　　初版発行

著　者　　奥寺 浩樹　　　　　　　　　　　© 2022

発行所　丸善プラネット株式会社
　　　　〒 101-0051　東京都千代田区神田神保町二丁目17番
　　　　電話 (03)3512-8516
　　　　https://maruzenplanet.hondana.co.jp/
発売所　丸善出版株式会社
　　　　〒 101-0051　東京都千代田区神田神保町二丁目17番
　　　　電話 (03)3512-3256
　　　　https://www.maruzen-publishing.co.jp/

印刷・製本　富士美術印刷株式会社

ISBN 978-4-86345-511-5　C3042